CADMOS
REITERPRAXIS

Wege aus der Stressfalle

CADMOS REITERPRAXIS

Lesen
Lernen
Wissen

ROMO SCHMIDT

BIRGIT VAN DAMSEN

Wege aus der Stressfalle

So wird Ihr Pferd entspannt und gelassen

CADMOS

Gestaltung: Ravenstein + Partner, Verden
Satz: Grafikdesign Weber, Bremen
Titelfoto: Christiane Slawik
Fotos: Birgit van Damsen
Lektorat: Anneke Bosse
Druck: agensketterl Druckerei, Mauerbach

Printed in Austria

ISBN 978-3-86127-563-3

Inhalt

Flucht ist eine typische Stressreaktion beim Pferd.

Stress im Wandel der Zeit

Der Begriff „Stress" ist heute in aller Munde und wird fast schon inflationär – meist als Anhängsel – für nahezu alle Lebenssituationen verwendet, bei denen ein gewisser Druck entstehen kann, der automatisch körperliche Prozesse in Gang setzt. Abhängig von Intensität und Dauer kann sich dieser Druck positiv oder negativ auf den Organismus auswirken. Ein kurzzeitiger Prüfungsdruck beispielsweise kann unsere Leistungsfähigkeit steigern, in Verbindung mit großen Versagensängsten aber auch völlig blockieren. Permanenter Zeitdruck stellt immer eine Dauerbelastung mit negativen Folgen für den Organismus dar. Stress kann also beflügeln oder zerstören und im schlimmsten Fall zum Tod führen. Er ist so alt wie das Leben selbst.

Während Stress früher aber vorwiegend ein Teil der Überlebensstrategie war, wird er heute zunehmend zum lebensbedrohenden Faktor, weil sich die Stressursachen nicht nur grundlegend verändert und vervielfacht haben, sondern auch häufig lange oder sogar für immer bestehen bleiben.

Diese Negativentwicklung der Stress erzeugenden Lebensumstände gilt in ähnlichem Maße für die Pferde, nur dass in ihrem Fall allein der Mensch daran Schuld hat: Durch die Domestizierung änderte er die Lebensbedingungen des Pferdes nahezu komplett, ohne dass sich jedoch dessen Urinstinkte und Triebe geändert haben. So werden unsere Hauspferde heute mit gänzlich anderen Stresssituationen konfrontiert als in ihrem ursprünglichen Lebensraum. Dort konnten sie naturgegebenen Stress aus eigener Kraft bewältigen und vermeiden, indem sie instinktiv handelten und ihre Triebe auslebten. Pferde in Gefangenschaft können jedoch ihr Lebensumfeld nicht selbst bestimmen und gestalten, sondern sind vom Menschen abhängig und auf seine Kompetenz sowie sein Verständnis angewiesen.

Die Aufgabe eines verantwortungsbewussten Pferdebesitzers besteht also in erster Linie darin, potenzielle Stressfaktoren zu erkennen, unnötige im Vorfeld auszuschalten beziehungsweise abzuwenden und unvermeidbare einzuschränken und zu überwinden.

Auf der Grundlage aktueller Ergebnisse aus der Stress- und Verhaltensforschung möchte dieses Buch Wege aufzeigen, die den Pferdebesitzer in die Lage versetzen, ein besseres Verständnis für sein Pferd und dessen Stressfaktoren zu entwickeln. Viele stressbedingte Probleme und Erkrankungen beim Pferd würden gar nicht erst entstehen, wenn der Mensch wüsste, wie er Stress umgehen oder in entsprechenden Situationen rechtzeitig gegensteuern kann.

Was ist eigentlich Stress?

Die Habachtstellung ist eines der ersten Zeichen für Stress.

„Stress“ stammt aus dem englischen Sprachgebrauch und heißt übersetzt „Druck“ beziehungsweise „Anspannung“. Er wird durch verschiedene innere und äußere Reize – sogenannte Stressoren oder auch Stressfaktoren – ausgelöst und bewirkt bestimmte Reflexe beim Menschen, beim Pferd und natürlich auch bei anderen Lebewesen, die zur Problemlösung besonderer körperlicher und geistiger Anforderungen notwendig sind.

Dabei wird die psychische und physische Bewältigung oder Nicht-Bewältigung von Stress als sogenannte Stressreaktion bezeichnet. Ziel der Stressreaktion ist es, Energie für eine der Situation angemessenen Aktion – Flucht, Verteidigung, Angriff oder Verharrung – bereitzustellen, die Aufmerksamkeit auf die Situation zu fokussieren und alle Energie verbrauchenden, in der Aktion nicht benötigten Prozesse zu drosseln oder zu unterdrücken.

Das Drei-Phasen-Modell nach Hans Selye

Der Begriff „Stress“ wurde erstmals von dem Zoologen Hans Selye 1936 eingeführt, um bestimmte Reaktionen eines Tieres auf extreme Situationen zu bezeichnen. Dabei wurde die Stressreaktion von Selye in drei Phasen unterteilt und ist bis heute generell gültig. Sein Allgemeines Adaptationssyndrom (AAS) beschreibt eine typische Phasenabfolge der physiologischen Stressreaktion eines Organismus. Er ging von einer unspezifischen Anpassungsreaktion aus, die, unabhängig von der Art des Stressors oder den Bewältigungskompetenzen des Individuums, immer ähnlich abläuft:

1. In der *Alarmphase* werden bei einer für das Pferd vermeintlichen oder tatsächlichen akuten Gefahrensituation die körpereigenen Abwehrkräfte durch Erhöhung des Hormonspiegels und Ausschüttung entzündungshemmender Substanzen mobilisiert.

2. In der *Widerstandsphase* ist der Organismus durch die gesteigerte Hormonausschüttung widerstandsfähig gegenüber dem Stressor.

3. Die *Erschöpfungs- oder Anpassungsphase* stellt die mentalen und physischen Reaktionen des Pferdes auf Dauerstress dar. Der Widerstand bricht zusammen, da eine weitere Anpassung nicht mehr möglich ist. Es folgen eine Schwächung des Immunsystems und Krankheiten.

In der freien Wildbahn wurde das nicht domestizierte Pferd mit plötzlichen Bedrängnissen wie der Begegnung mit einem Feind oder Gefahren wie Buschbränden oder Überschwemmungen häufig konfrontiert. Dadurch war es gezwungen, in solchen Situationen innerhalb von Sekundenbruchteilen in erhöhter Handlungsbereitschaft zu sein. Seine Muskeln, der Kreislauf und die Atmungsorgane mussten bei blitzartigen Bedrohungen entsprechend reagieren, um das Überleben zu sichern. Um diese körperlichen und mentalen Höchstleistungen als Stressreaktionen ohne gesundheitliche Schäden zu bewältigen, hat die Natur im Laufe der Evolution ein ausgeklügeltes System entwickelt, das beim domestizierten Pferd auch heute noch Bestand hat: Unter Zusammenarbeit von Sinnesorganen, Gehirn, Blutkreislauf und einigen inneren Organen werden Botenstoffe freigesetzt, mit deren Hilfe der Organismus geschützt wird beziehungsweise zu außergewöhnlichen Leistungen in der Lage ist.

Weggesperrt und einsam: Eklatante Haltungsfehler stressen Pferde unablässig.

In längerfristigen Stresssituationen, aber vor allem bei Dauerstress, gerät dieses körpereigene Schutzsystem jedoch aus dem Gleichgewicht und kann die Gesundheit des Pferdes gefährden. Auch Wildpferde waren wiederholt mittelfristigem Stress ausgesetzt, zum Beispiel durch Futtermangel im Winter. Den besonders gesundheitsschädlichen Langzeitstress kannten die Vorfahren unserer Hauspferde jedoch nicht. Denn ihre Stressauslöser waren allesamt natürlichen Ursprungs und somit vorübergehend, während unsere heutigen Pferde den von Menschen gemachten Dauerstressfaktoren nicht selten unbegrenzt ausgeliefert sind.

Körperliche Reaktionen bei Stress

- Bei Gefahr leiten die Sinnesorgane die gesammelten Informationen der Stressfaktoren an das Stammhirn.
- Das Stammhirn und andere Hirnteile verarbeiten diese Informationen. Es erfolgt in kürzester Zeit eine Kettenreaktion verschiedener Gehirnregionen (Hypothalamus, Hypophyse), wobei unterschiedliche Hormone freigesetzt werden.
- Diese Hormonfreisetzung löst wiederum zwei verschiedene Reaktionen aus, die getrennt voneinander zu betrachten sind, weil sie zum einen für den temporären, kurzfristigen Stress und zum anderen für den länger andauernden Stress von großer Bedeutung sind:
- Im akuten Stressgeschehen werden im Nebennierenrindenmark mithilfe des zentralen Nervensystems große Mengen der Hormone Adrenalin und Noradrenalin ausgeschüttet. Dabei gelangt innerhalb von Sekunden das „Stresshormon" Adrenalin über den Blutkreislauf in fast alle Körperteile und erweitert die Blutgefäße. Es bewirkt eine verstärkte Durchblutung der Muskulatur, Steigerung der Herzfrequenz, Anstieg des Blutdrucks, Erweiterung der Bronchien, schnelle Bereitstellung von Energiereserven durch den Abbau von Fett sowie Freisetzung von Glucose – alles Vorgänge, die eine erhöhte Muskelarbeit und Sauerstoffaufnahme ermöglichen. Weiterhin wird die Durchblutung geregelt und die Magen-Darm-Tätigkeit gehemmt. Zugleich wird das „bewusste" Denken im Großhirn eingeschränkt und durch das schematische Entscheidungsmuster des Stammhirns ersetzt, sodass das Pferd blitzschnell reagieren kann und nicht erst lange mit dem Großhirn „überlegen" muss, ob es flieht oder kämpft. Dadurch tritt bei unmittelbarer Gefahr keine Verzögerung ein.
  Ist die unmittelbare Gefahr vorbei, sorgt anschließend die Ausschüttung von Noradrenalin wieder für die Verengung der Blutgefäße und die allmähliche Herstellung des „Normalzustandes" des Pferdes, damit keine Folgeschäden entstehen können.
- Bei der zweiten Kettenreaktion – und zwar sowohl bei temporärem Stress als auch beim Langzeitstress – gelangt das in der Hirnanhangdrüse (=Hypophyse) gebildete sogenannte ACT-Hormon (Adrenocorticotropes Hormon) über den Blutkreislauf in die Nebennierenrinden, die daraufhin das Hormon Cortisol ausschütten. Cortisol ist die vom Körper hergestellte Form des Cortisons und beeinflusst den Energiestoffwechsel und die Einlagerung von Blutzucker in die Leber. Kurzfristig stärkt die Cortisolausschüttung die Immunabwehr, langfristig wird die Widerstandskraft jedoch erheblich herabgesetzt.

Akuter und chronischer Stress

Bei kurzzeitigem, heftigem und sich gelegentlich wiederholendem Stress gibt es zurzeit keine Hinweise, dass er beim Pferd schädliche Folgen hat, weil er in der Regel jedes Mal und in vollem Umfang wieder abgebaut wird.

Beim sogenannten mittelfristigen Stress, ausgelöst durch Stressfaktoren, die einige Stunden oder Tage anhalten, konnte in Untersuchungen nachgewiesen werden, dass bereits erste körperliche und geistige Schäden wie Durchfälle, Koliken oder mentale Blockaden entstehen können.

Das Sorgenkind im Pferdegeschehen stellt der Langzeit- oder Dauerstress dar. Er wird vom Menschen meist unbewusst hervorgerufen und führt durch eine dauerhafte und zu hohe Ausschüttung von körpereigenem Cortisol zu nachhaltigen Veränderungen im Stoffwechsel. Aber auch das „Denkvermögen“ und die Lernfähigkeit des Pferdes werden bei andauerndem Stress gravierend eingeschränkt oder sogar gestört.

Kurzfristig: die gesunden Stressmuster

Jeder Pferdehalter kennt die zahlreichen Stressfaktoren, die zu kurzfristigem Stress seines vierbeinigen Partners führen. Dabei ist es gleich, ob es vom Menschen provozierte, billigend in Kauf genommene oder unbeabsichtigt erzeugte Stressfaktoren sind.

Vom Pferdehalter bewusst verursachte Stressoren sind zum Beispiel das ungerechtfertigte Bestrafen des Pferdes bei begründetem Widerstand desselben oder das in Mode gekommene derbe und auf Dominanzklärung ausgerichtete Herumjagen im Round Pen. Unbeabsichtigt ausgelöste Stressoren sind beispielsweise heikle und Angst einflößende Situationen im Gelände oder das Weitergeben der eigenen Unausgeglichenheit an sein Pferd.

Wird das gestresste Pferd am Fliehen gehindert, versucht es, den Stress durch Widersetzlichkeit zu bewältigen.

Die körperlichen Reaktionen laufen beim Pferd aber immer in gleicher Weise ab: Flucht nach vorn, zur Seite oder nach hinten, Auflehnung und Widerstand, seltener Angriff. Nach dem Abklingen der Stressfaktoren, also der Beendigung der ungerechten Bestrafung, des Herumjagens oder

Langzeitstress kann im Blut durch erhöhte Blutfettwerte, einen gestiegenen Blutzucker- und Cortisolspiegel sowie eine geringere Anzahl weißer Blutkörperchen nachgewiesen werden.

der Gefahrensituation im Gelände sorgt der Parasympathikus, ein Teil des vegetativen Nervensystems, durch Ausschüttung des Hormons Noradrenalin dafür, dass die kurzfristige Erregungsphase nach einer gewissen Zeit wieder abklingt. Auch das von der Nebennierenrinde übermäßig produzierte Cortisol wird nach einiger Zeit und ohne Schäden zu hinterlassen wieder abgebaut und die Produktion auf den (lebenswichtigen) Normalwert begrenzt.

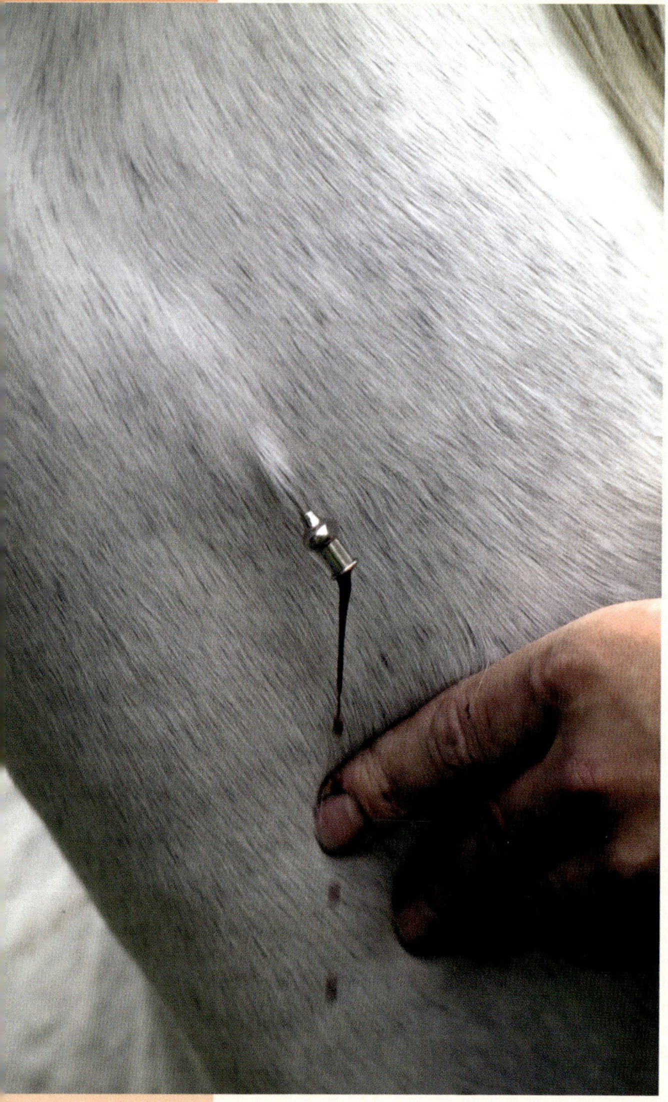

Mittelfristig: die ungesunden Stressmuster

Kritischer wird es für das Pferd, wenn es einem länger anhaltenden Stress ausgesetzt wird, der sich obendrein vielleicht auch noch mehrfach innerhalb eines kurzen Zeitraums wiederholt. Mittelfristig andauernde Stressoren sind Trauer nach dem Verlust eines artgleichen Freundes, ein längerer Transport ohne Partner, über Tage oder Wochen bestehende Erkrankungen mit unterschiedlich starken Schmerzen, längere Klinikaufenthalte, die Eingliederung in eine neue, unbekannte Pferdegruppe oder das zu frühe, abrupte Absetzen des Fohlens.

Dauerhaft: die krank machenden Stressmuster

Dauerstress entsteht für das Pferd, wenn es ohne Unterlass oder häufig wiederkehrend immer denselben oder verschiedenen Stressfaktoren ausgesetzt wird. Beispiele sind grundlegende Haltungsfehler, chronische Erkrankungen wie Hufrehe oder anhaltende Fütterungsfehler, aber auch der dauerhafte Entzug elementarer Bedürfnisse wie das Wälzen oder Sozialkontakte. Auch sich ständig wiederholende Stressoren wie regelmäßige für das Pferd unklare und widersprüchliche Hilfen beim Reiten, zu frühe oder harte Ausbildung, grobes Training oder inkonsequenter Umgang führen zu einer ständig erneuten oder dauerhaften Ausschüttung von Adrenalin und Cortisol. Das hat Folgen für den Stoffwechsel:

- Der Zuckergehalt im Blut steigt an.
- Körpereigene und für das Pferd lebenswichtige Fettdepots im Unterhautbindegewebe werden abgebaut mit der Gefahr der Abmagerung und einem überhöhten Blutfettspiegel.

- In den Muskeln und Organen befindliches Eiweiß wird als Energiereserve genutzt, es kommt vermehrt zu Muskelverspannungen, Muskelabbau, Organ- und Wachstumsstörungen.

Durch die ständige Hormonüberflutung befindet sich der Pferdekörper in einem unablässigen Alarmzustand. Er versucht immerzu –, so wie die Natur es vorgesehen hat, dieser vermeintlich lebensbedrohlichen Gefahrensituation zu entkommen.

Dabei kanalisiert er alle Reserven auf die scheinbare Notlage und vernachlässigt permanent wichtige organische Funktionen – so kommt es zum Beispiel zu Störungen im Zellwachstum von Muskeln, Knochen, Organen und Hufen oder auch zum Aussetzen der Rosse bei Stuten. Auch der Mineralhaushalt gerät ins Ungleichgewicht: Salz und Wasser werden den Zellen entzogen, was zur Austrocknung führt, Kalk wird vermehrt eingelagert.

Während also die temporäre Ausschüttung von Cortisol einen positiven Effekt auf das Immunsystem ausübt, kommt es bei einer dauerhaften Produktion zur Schwächung desselben. Dadurch ist das im Dauerstress befindliche Pferd gegen eindringende Bakterien und Viren weniger geschützt und anfälliger für Infektionen, besonders in den Atemwegen.

Gibt es „guten" und „schlechten" Stress?

Die Differenzierung von positivem Stress („Eustress") und negativem Stress („Distress") ist umstritten. Diese klassische Einteilung wird oft angewendet, weil sie sehr praktisch und anschaulich ist. Sie wird jedoch zunehmend skeptisch betrachtet. Denn bei beiden Stressformen laufen dieselben Reaktionsmuster ab, die in Extremfällen die gleichen schädlichen Auswirkungen haben. So ist beispielsweise nicht klar, ob in einer durch Futterneid auffälligen Pferdegemeinschaft die sich anbahnende Fütterung als positiver Stress gewertet werden kann, also in froher Erwartung des kommenden Futters, oder als negativer Stress, ausgelöst durch eben den Futterneid. Ein anderes Beispiel ist die Integration eines Neuankömmlings in einer bestehenden Pferdegruppe. So sind die augenfälligen Stressmuster der Pferde – aufeinander zugehen, Hälse biegen, beschnuppern, quieken und nach vorn ausschlagen – sowohl mit Neugier und Willkommensfreude zu erklären, also als „Eustress" einzustufen als auch als „Distress", also Rangordnungsklärung und Revierabgrenzung. Es wird wohl eher eine Mischung aus beidem sein.

Selbst beim Menschen, der ja entscheiden könnte, wann ihm Stress guttut und wann nicht, können keine Unterscheidungsmerkmale festgestellt werden. Untersuchungen von Lebensversicherungen haben ergeben, dass es keinen körperlichen Unterschied macht, ob jemand den Jackpot im Lotto knackt oder eine sehr nahestehende Person stirbt. In beiden Fällen laufen die gleichen Muster wie zuvor beschrieben mit denselben Folgeerscheinungen ab.

Stressfaktoren und Stressvermeidung

Ein bisschen mehr Feingefühl – und so mancher Stressauslöser ließe sich leicht vermeiden.

Stressfaktoren – auch Stressoren genannt – sind alle inneren und äußeren Reizereignisse, die eine angepasste (adaptive) Reaktion beim Pferd auslösen. Wenn sie von kurzfristiger Natur sind wie ein plötzliches, für das Pferd unangenehmes lautes Geräusch oder eine vom Wind aufgewehte Plastikplane, lösen sie auch nur entsprechend vorübergehende, temporäre Stressreaktionen aus. Je nachdem, wie stark der Stressfaktor empfunden wird, kann die Reaktion sehr heftig oder nur gering ausfallen. Da das Pferd ein ausgeprägtes Fluchttier ist, wird es fast immer versuchen, sich so schnell wie möglich von der Gefahrenquelle zu entfernen. Nur in relativ ausweglosen Situationen in der Box, im Anhänger oder angebunden in der Stallgasse können sich zwei andersartige Reflexe entwickeln: Aggression und Angriff oder Lethargie und Aufgabe. Was die sogenannten Stressanzeichen angeht – also die pferdetypischen Reaktions- und Verhaltensmuster – so können diese bei Flucht oder Angriff sehr gut erkannt werden, weniger deutlich hingegen oder von unsensiblen Pferdehaltern auch gar nicht, wenn das Pferd eine passive Haltung einnimmt, also apathisch wird. Diese Art der Stressreaktion tritt vermehrt dann auf, wenn es dauerhaften Stressfaktoren ausgesetzt ist, also sehr lange wegen einer Erkrankung in der Box stehen muss oder einer andauernden Lärmquelle ausgesetzt ist.

Viele Stress auslösende Faktoren lassen sich durch pferdegerechte Haltung, Umgang, Ausbildung und Training vermeiden; zumindest aber kann das Stressrisiko erheblich herabgesetzt werden, wenn der Pferdebesitzer vorausschauend denkt, prophylaktisch handelt und sein Pferd auf mögliche Stresssituationen vorbereitet.

In der Praxis gibt es eine Vielzahl von potenziellen Stressoren. Nicht alle lassen sich vorhersehen (ungewollte Schrecksituationen) oder verhindern (Schmerz durch Krankheit). Der besonders schädliche Dauerstress sollte jedoch nach Möglichkeit vermieden werden.

Stress durch nicht artgerechte Haltung

Die Pferdehaltung spielt im Stressgeschehen – neben dem Stressor Mensch – die wohl wichtigste Rolle. Gravierende Haltungsfehler ziehen als ständige Stressfaktoren den bereits beschriebenen Dauerstress mit all seinen fatalen Folgen nach sich. Ist es dem Pferd aufgrund seiner Haltungsform nicht möglich, seine natürlichen Bedürfnisse auszuleben, kommt es zu einem sogenannten „Triebstau". Dieser etwas in Vergessenheit geratene und von Konrad Lorenz 1950 entwickelte Begriff aus der Verhaltensforschung steht beim Tier für eine gesteigerte Bereitschaft zu einer Verhaltensweise, welche längere Zeit nicht mehr durchgeführt werden konnte.

Ausschließliche Boxenhaltung

Es gibt eine große Anzahl von Trieben und Bedürfnissen beim Pferd, die durch eine falsche Haltungsweise nicht mehr befriedigt werden können: Bewegung, kontinuierliche Nahrungsaufnahme, Wälzen, Neugier, Sozialkontakt, Wahrnehmen der Umwelt über die Sinne, Fluchtverhalten, Freundschaft und vieles mehr. Das Nicht-Ausleben eines jeden einzelnen Triebes stellt für sich schon einen erheblichen Stressfaktor für das Pferd dar. In der Summe aller dieser nicht ausgelebten Triebe jedoch vermag man sich gar nicht vorzustellen, wie groß der Dauerstress für ein Pferd, das ausschließlich in der Box gehalten wird, sein muss. Und genau dies spiegelt sich in seinem Verhalten wider: Es entwickelt Verhaltensstörungen, die sich unterschiedlich äußern können.

Lebhafte, aufgeweckte und gelehrige Pferde, die während der Arbeit leistungsbereit, verlässlich und unerschrocken sind, aber auch nervöse, leicht reizbare und aufbrausende Pferde, die schwierig zu handhaben sind, da sie bisweilen unberechenbar reagieren und zu Widersetzlichkeiten

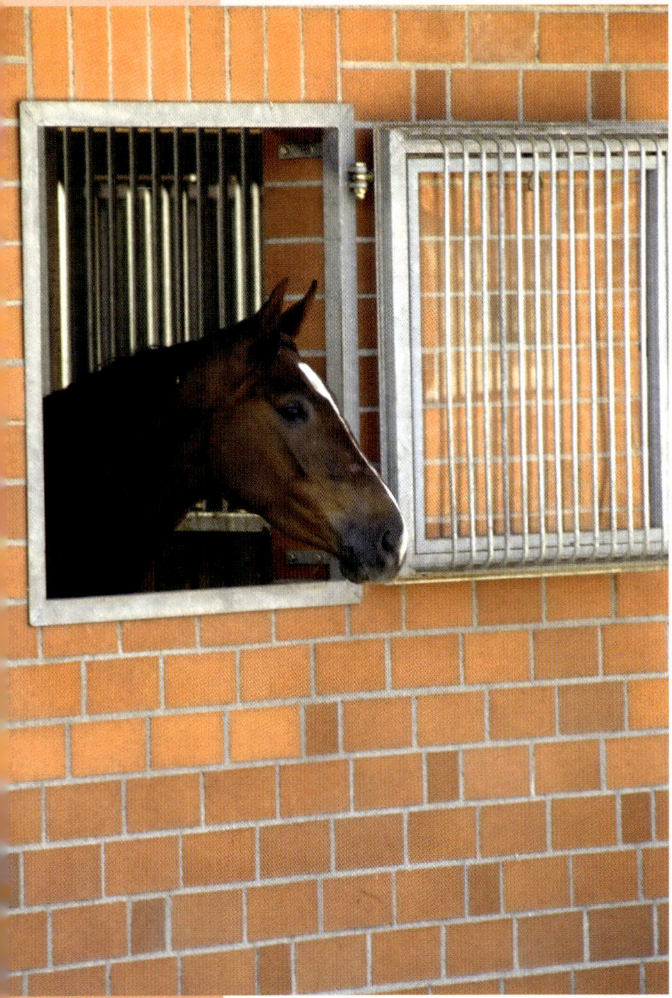

In einer Außenbox werden wenigstens die Grundbedürfnisse nach Luft und Licht sowie die Sinne Sehen, Hören und Riechen ansatzweise befriedigt.

neigen, werden versuchen, dem Triebstau mit Verhaltensstörungen entgegenzuwirken. Dazu gehören Boxenlaufen, Barrenwetzen, Gitterbeißen, Zungenspiel, exzessives Benagen von Holz, Scharren, stereotypes Schlagen gegen Boxenwände oder Attacken gegen die Boxennachbarn oder gar den Menschen.

Ruhige, sehr ausgeglichene und brave Pferde, die während der Arbeit zuverlässig und umgänglich sind, aber häufig angetrieben werden müssen, oder träge, schwerfällige und eigenwillige Pferdetypen, die vermehrt nach innen gekehrt sind, äußern meist ein anderes Verhaltensmuster. Sie werden bei Dauerstress eher apathisch, weniger ansprechbar, übertrieben ängstlich oder zeigen sogar depressive Verhaltensweisen. Sie neigen eher zu unspektakuläreren Stalluntugenden wie Halswiegen oder Kopfkreisen.

Fest steht aber, dass beide Formen des Triebstaus – aggressiv oder defensiv – letztlich zu gesundheitlichen Problemen, Lernstörungen bei der Ausbildung oder insgesamt zu Schwierigkeiten im Umgang und beim Training führen können. Deshalb ist ausschließliche Boxenhaltung unbedingt zu vermeiden! Wenn schon Box, dann eine Außen- oder Paddockbox mit stundenweiser Auslaufmöglichkeit gemeinsam mit Artgenossen. Sicht-, Hör- und Schnupperkontakt müssen zudem immer bestehen. Außerdem verlängern engmaschige Heunetze oder Bodenraufen mit engen Gittern die Fresszeiten, vertreiben die Langeweile und reduzieren so den Boxenstress.

Wälzen als Stressprophylaxe

Wälzen ist ein für Pferde sehr typisches Eigenpflegeverhalten. Es ist ein biomechanischer Vorgang, der sich positiv auf die Gesunderhaltung von Fell, Haut, Muskulatur und Bindegewebe auswirkt und damit die Ausgeglichenheit eines Pferdes fördert. Unterbindet man auf Dauer das Wälzen, beispielsweise durch ausschließlichen Aufenthalt in engen Boxen, auf betonierten Paddockböden, Weideentzug oder das Verwehren von Freilauf in der Halle oder auf dem Reitplatz, kann dies als dauerhafter Stressfaktor nachhaltige Auswirkungen auf die körperliche und psychische Gesundheit des Pferdes haben und Verhaltensstörungen sowie Muskelverspannungen nach sich ziehen.

Versagt man dem Pferd regelmäßiges Wälzen, kann sich ein stressrelevanter Triebstau entwickeln, der sich in verschiedenen „Unarten“ zeigt.

Undurchdachte Gruppenauslaufhaltung

Die Gruppenauslaufhaltung bietet sich als artgerechtere Haltungsform für alle Pferde an, die ein relativ konstantes Sozialgefüge besitzen, also dort, wo ein geringer Wechsel von kommenden oder gehenden Pferden besteht. Aber auch in der offenen Stallhaltung können zahlreiche Fehler gemacht werden, die bei Pferden zu kurzfristigem oder dauerhaftem Stress führen. Voraussetzungen für ein weitgehend stressfreies Leben in der Gruppenhaltung sind eine durchdachte Stallanlage mit ausreichendem Innenraum und Fresseinrichtungen, die futterneidische Aktionen ausschließen, eine großzügige Paddockfläche ohne enge Ecken und nach Möglichkeit Einbauten wie Raumteiler, um Rangeleien und Streitigkeiten weitestgehend zu verhindern, aber auch einen stressfreien Schlaf rangniederer Tiere zu ermöglichen.

Dabei müssen bei der offenen Stallhaltung folgende Grundvoraussetzungen erfüllt sein:

- ungehinderte Aufnahme von Rau- und Zusatzfutter
- uneingeschränkte Möglichkeiten des „Aus-dem-Weg-Gehens“
- ungestörtes Ruhen und Schlafen, deshalb keine fressbare Einstreu im Liegebereich, damit die Pferde dort unbehelligt ruhen können
- möglichst freie Sicht zum Umfeld von Stall und Paddock
- temporäre Trennvorrichtungen innen und außen bei Eingliederung oder Krankheit, ohne den kommunikativen Charakter für das separierte Pferd zu vernachlässigen

Weiterhin muss für ein unverträgliches oder angegriffenes Tier die Möglichkeit bestehen, es von den anderen entweder auf Dauer oder nur zeitlich begrenzt abzutrennen. Eine Untersuchung der Technischen Universität München hat in sieben verschiedenen Gruppenhaltungen mit je fünf bis zehn Pferden Rangordnungen, Ruhedauer und Liegezeiten in Augenschein genommen. Dabei kam heraus, dass sich besonders rangniedere Pferde weniger ausruhen und sich gar nicht beziehungsweise kaum hinlegen konnten, was zu Erschöpfungszuständen führte.

Hat der Offenstall nur einen Eingang, wirkt sich das für rangniedere Pferde zum Dauerstressfaktor aus.

Außerdem sind Engpässe oder Sackgassen zwingend zu vermeiden. Frei zugängliche Öffnungen zwischen verschiedenen Funktionsbereichen, zum Beispiel der Zugang zum Auslauf, müssen für Großpferde außerordentlich breit sein (vier Meter und mehr), oder es sollten besser zwei Durchgänge angeordnet werden. Dadurch wird verhindert, dass ein Durchgang vom ranghohen Tier blockiert werden kann.

Jedes Pferd muss ungestört fressen können. Bei der Gabe von rationiertem Futter haben sich Fressstände oder das kurzfristige Anbinden der Pferde bewährt. Bei der Raufuttergabe kann die ungestörte Futteraufnahme durch Rundraufen oder einzelne Heuberge (je Pferd ein Fressplatz plus ein Extrafressplatz; in Dreiergruppen also vier Heuberge, räumlich möglichst weit voneinander entfernt) sichergestellt werden.

Dabei sind die Anforderungen an den Sozialkontakt zu erfüllen. Die Gruppenhaltung ist bei entsprechenden baulichen Maßnahmen, die die Wahrung der Individualdistanz ermöglichen, für die meisten Pferde geeignet. Um die Verträglichkeit innerhalb einer Gruppe beurteilen zu können, ist es notwendig, Zeit zum Beobachten aufzuwenden.

Bei jedem Pferd sind die Individual- und Toleranzdistanzen unterschiedlich ausgeprägt. Unabhängig von der Anzahl der gehaltenen Pferde kommt es immer zu Problemen, wenn die Flächen innen und außen zu klein bemessen sind. Wenn allerdings die Außenfläche nicht ohne Weiteres vergrößert werden kann und das Stallgebäude beziehungsweise der Innenlaufstall feste Grenzen hat und man trotzdem mehr Pferde halten möchte, stellt sich die Frage, was baulich und haltungstechnisch verändert werden kann und muss, um eine

Durst auf der Weide kann Pferde in Stress versetzen.

größere Gruppe ohne Verletzungsgefahr artgerecht zu halten.

Wichtig für ein stressärmeres Leben in der Gruppenhaltung ist überdies die richtige Zusammenstellung der Pferdegemeinschaft: Kleingruppen von zwei bis acht Pferden sind ideal, größere Verbände nur auf großflächigen Paddocks beziehungsweise Stallbereichen möglich.

Eine ungerade Anzahl wie Dreier- oder Fünfergruppen sollte vermieden werden. Auch sollte man rasse- beziehungsweise typhomogene Pferde mit ähnlicher Individualdistanz einander zuordnen und eine Herdenzusammenstellung nach Möglichkeit gleichzeitig durchführen. Neuankömmlinge sollten immer unter Aufsicht, bei Tageslicht und auf großen Laufflächen eingegliedert werden.

Weidestress vermeiden

Auch der an sich positive Weidegang kann zum Stress werden, wenn die Pferde keinen Wetterschutz aufsuchen können oder übermäßig von Insekten geplagt werden, die Weide vollständig abgegrast oder Trinkwasser nur knapp beziehungsweise zeitlich begrenzt vorhanden ist.

Stress durch Störung der Thermoregulation

Nicht nur psychische, sondern auch physische Einflüsse können Stress beim Pferd verursachen. Durch Eingriffe in

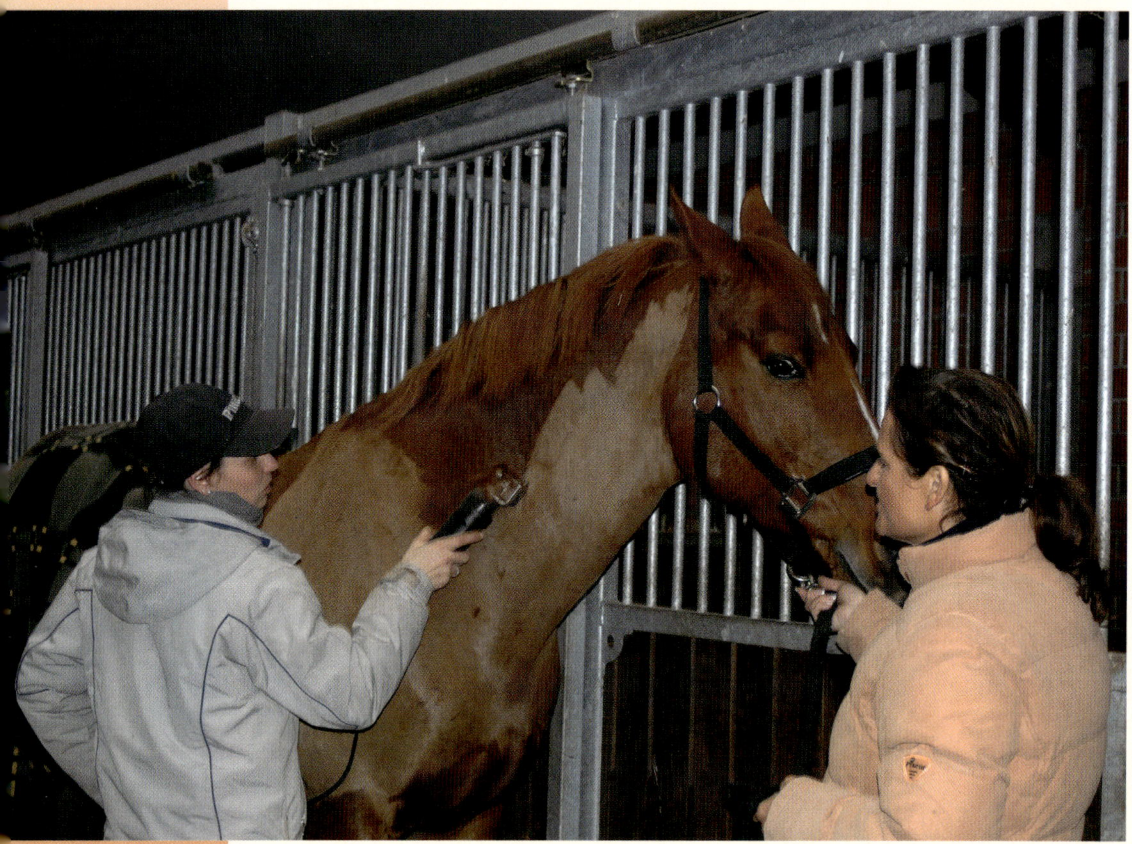

Nicht nur das Scheren selbst bedeutet für die meisten Pferde Stress. Durch das erforderliche Eindecken gerät auch das körpereigene Vermögen zur Thermoregulation durcheinander.

die Thermoregulation des Pferdes mittels Scheren und/oder Eindecken können sich auch Kälte und Hitze, die normalerweise vom Pferd gut vertragen werden, zu nicht unerheblichen Stressfaktoren entwickeln, wenn die Schur beziehungsweise die Art der Decke den individuellen Eigenschaften des Pferdes wie Felldichte, Stärke des Unterhautbindegewebes, Alter, Rasse und Leis-tungsstand nicht entsprechen oder den wechselnden Stall- und Außentemperaturen nicht regelmäßig angepasst werden.

Das Pferd besitzt ein außerordentlich raffiniertes sogenanntes „Thermoregulationsvermögen". Es ist zum einen in der Lage, bei großer Hitze durch viele Schweißdrüsen den Körper abzukühlen, zum anderen kann es bei Kälte durch Verstärkung der Blutzirkulation und Veränderungen der Poren Wärme in seiner Haut bewahren. Trifft zum Beispiel ein eisiger Wind auf den Pferdekörper, ziehen sich die Blutgefäße überall in der Pferdehaut zusammen, sodass die Wärme im Körper bleibt und nicht nach außen verloren geht. Diese Fähigkeit muss jedoch ständig und besonders im Winter trainiert werden, weil sie sonst weitestgehend verloren geht und möglicherweise nicht mehr den Anforderungen standhalten kann. Generell gilt: Je ausgeprägter das Winterfell eines Pferdes ist, umso mehr trockene Luft sammelt sich darin an und umso höher ist die Isolationswirkung.

Bei Pferden mit wenig Winterfell oder bei geschorenen Pferden ist dieser Luftisolationseffekt gemindert. Sie kühlen besonders stark bei Kälte und Nässe aus, fühlen sich sehr unwohl und sind dann einem Dauerstress ausgesetzt. Außerdem kann bei eingedeckten und/oder geschorenen Pferden die wichtige Fähigkeit der Thermoregulation durcheinandergeraten – vor allem wenn sie in der kalten Jahreszeit häufig Temperaturschwankungen ausgesetzt sind. Das ist dann der Fall, wenn das Pferd warm eingedeckt im Stall steht, ohne Decke durch den kalten Außenbereich in die Halle geführt und anschließend in der kalten Halle warm geritten wird. Schließlich kommt es aus kalter Umgebung mehr oder minder stark aufgewärmt zurück in den Stall, wo es vielleicht noch schwitzend wieder eingedeckt wird. Dieser Ablauf mit diversen thermoregulatorischen Unterschieden in vielleicht einer Stunde bedeutet für das Pferd Stress.

Auch wenn das Eindecken und/oder Scheren manchmal notwendig erscheint oder es die Trainingssituation erfordert, sollte man sich dennoch gut überlegen, ob diese Eingriffe wirklich notwendig sind – zumal die Schur an sich für viele Pferde schon stressig ist.

Stress beim Füttern

Bei der Pferdefütterung treten sowohl „positive" Stressfaktoren auf, also die freudige Erwartung auf das Futter, als auch „negative", wenn innerhalb der Pferdegruppe oder zwischen einzeln aufgestallten Pferden Futterneid besteht. Fressen ist

Durch einfache, aber durchdachte Maßnahmen kann in der Gruppenauslaufhaltung Futterstress vermieden werden.

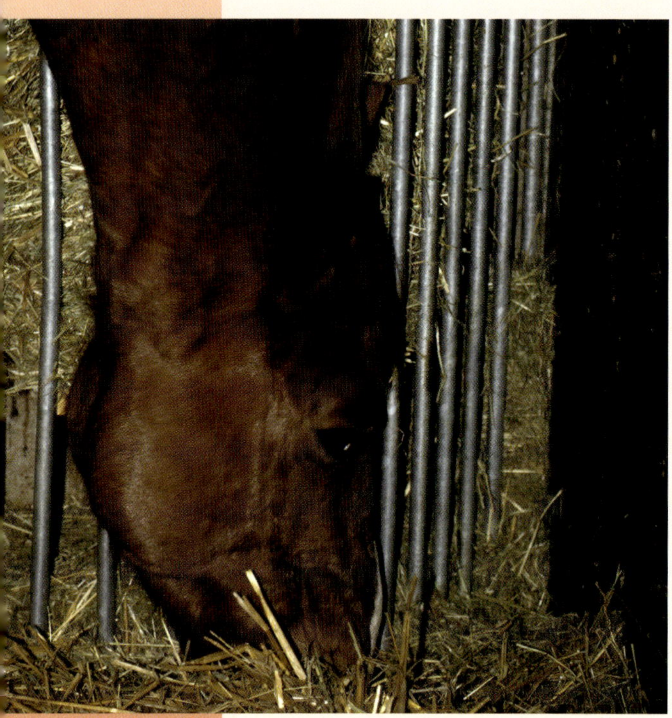

Haben Boxenpferde Raufutter zur freien Verfügung, wird der Stresspegel bei der Kraftfuttervergabe beträchtlich gesenkt.

neben der Fortpflanzung und dem Fluchtverhalten der wichtigste Lebensinhalt des Pferdes. Der Überlebenstrieb „Fressen" in einer artgerechten Pferdehaltung mit der Möglichkeit einer kontinuierlichen Futteraufnahme kleiner Portionen läuft meist ohne oder nur mit geringem Stress und kaum sichtbaren Stressanzeichen ab.

Dagegen führt er bei in Einzelboxen gehaltenen Pferden und den häufig wenigen, dafür aber üppigen Mahlzeiten jedes Mal zum Stress. Das dokumentieren regelrechte „Fütterungsszenen" in gängigen Pensionsställen: donnerndes Gepolter von gegen die Boxenwand schlagenden Pferdehufen und hektisches Kreislaufen vieler Pferde, wenn der Kraftfutterwagen in die Stallgasse geschoben wird. Aber warum ist das so? Müssten die Pferde, die in Einzelboxen gehalten werden, nicht eigentlich aus der Erfahrung wissen, dass ihnen niemand das Futter streitig machen kann? Oder stellt dieser kurze, aber heftige „Aufruhr" im Stall kurz vor der Fütterung bloß eine Reaktion auf den „positiven" Stressfaktor Vorfreude dar? Macht es vielen Pferden vielleicht einfach nur „Spaß", sich so tumultartig zu verhalten? Nein, vermutlich ist der Triebstau für dieses Verhalten verantwortlich und die Unmöglichkeit von Boxenpferden, ihre Rangfolge zu klären. Das wird auch durch das weitgehende Ausbleiben von Futterneid bei Pferden in artgerechter Haltung belegt. Dass es in der Gruppenhaltung vor den Fressständen hier und da auch mal zu einer hektischen Laufbewegung einzelner Pferde kommt, ist durchaus vertretbar und kein wirkliches Stressanzeichen. Auch leichte Drohgebärden mit angelegten Ohren dominanter Gruppenmitglieder gegen rangniedere, die sich übrigens darüber kaum aufregen, gehören bei der Kraftfuttervergabe in der Regel dazu, wenn man die große Bedeutung der Nahrungsaufnahme für das Pferd bedenkt. Dieser „kleine Aufstand" endet abrupt, wenn jeder seinen Fressstandplatz aufgesucht hat und mit dem Fressen beginnt. Bei der Raufuttergabe fallen diese Futterneid-Stressmuster übrigens entschieden geringer aus, deshalb sollte man immer – unabhängig von der Haltungsform – zuerst das Raufutter geben und danach das Kraftfutter, um Fütterungsstress zu reduzieren.

Die Kombination von Futterneid (=Stress) und großen Portionen Kraftfutter in nur zwei oder drei Rationen am Tag sind überdies Wegbereiter für Magengeschwüre bei Pferden. Einer neueren amerikanischen Studie zufolge sollen 80 Prozent aller Sportpferde an Magengeschwüren leiden. Darum sollte das Kraftfutter stets in mehrere kleine Portionen aufgeteilt gefüttert werden, auch wenn dies aufwendiger ist.

Stress bei der Aufzucht

Eine fachgerechte Aufzucht des Jungpferdes ohne krankmachende Stressfaktoren ist die unbedingte Voraussetzung für ein ausgeglichenes, gesundes und langes Reitpferdeleben. Eine Vielzahl physischer und psychischer Schäden beim erwachsenen Pferd hat ihre Ursache in Fehlern, die während der Aufzucht gemacht wurden. Viele Pferdebesitzer erkennen jedoch nicht einmal, dass der Grundstein von Krankheiten oder sogenannten „Untugenden" ihres Pferdes in der Aufzucht gelegt worden ist.

Das Aufziehen eines jungen Pferdes ist ein außerordentlich komplexes Thema, das umfangreiches Wissen, Erfahrung und vor allem Einfühlungsvermögen voraussetzt. Es sind die ständig wiederkehrenden oder dauerhaft traumatischen und stressbedingten Erlebnisse, die die junge „Pferdeseele" permanent verletzen und die sich später im Erwachsenenalter übel rächen! Ein falscher, zu heftiger, aber auch inkonsequenter Umgang löst als Kurzzeitstress Angst und Unsicherheit aus. Bewegungs- und Platzmangel sowie Unterforderung und Langeweile können als Dauerstressfaktoren zu Verhaltensstörungen führen, und die Überforderung von zu früh genutzten Pferden wie Galoppern und Trabern rufen den Stressfaktor Reizüberflutung hervor. Nicht selten leben Jungpferde in kleinen Verschlägen ohne Licht und Luft, wo sie den ganzen Winter aus Platzmangel zu zweit oder gar zu dritt verbringen müssen und so einem Langzeitstress ausgesetzt sind.

Darüber hinaus gibt es Pferdezüchter, die ihren Jungpferden unwissentlich, aber auch wissentlich Stressfaktoren zumuten, welche irreparable Schäden verursachen können. Dazu gehört das häufige Vorstellen auf verschiedenen Zuchtschauen, das Fohlen und Jährlinge schlicht überfordert. Auch viele Probleme im Umgang wie das ängstliche, unkooperative Verhalten des erwachsenen Pferdes beim Hufschmied basieren meist auf einer zu groben und/oder unvorbereitenden Hufpflegemaßnahme im Fohlen- und Jungpferdealter.

Wer Jungpferde so aufzieht, braucht sich über spätere Gesundheitsprobleme und Verhaltensstörungen nicht zu wundern.

Basislektionen mit dem Fohlen oder Jungpferd beugen vielen Stresssituationen im Erwachsenenalter vor.

Schon Fohlen sollten beizeiten behutsam mit Dingen wie Aufhalftern, Anbinden, Führen, Putzen und Hufegeben vertraut gemacht werden – das erleichtert den späteren Umgang im Erwachsenenalter wesentlich. Etwa mit zweieinhalb Jahren können Jungpferde in die Ausbildung genommen werden, allerdings mit geringen körperlichen Anforderungen. So kann ein Jungpferd durchaus eine Stunde an der Hand spazieren gehen oder einfache Bodenarbeit verrichten. Dabei steht die mentale Förderung im Vordergrund, weniger die physische. Auch die rechtzeitige und zwanglose Gewöhnung an den Sattel mittels einer Satteldecke, die mit einem elastischen Gurt locker verschnallt wird, erleichtert das spätere Aufsatteln erheblich und verhindert ein mögliches späteres Stressmuster wie den Sattelzwang.

Übermäßigen Stress beim Absetzen vermeiden

Schon bei Absetzern lassen sich stressbedingte Veränderungen der Magenschleimhaut und sogar Magengeschwüre nachweisen. Dabei lässt sich der absetzbedingte Stress durch „sanftes Absetzen“, also der allmählichen, etappenweisen Trennung von Stute und Fohlen, enorm reduzieren, wenn diese Absetzmethode fachgerecht durchgeführt wird. Das beugt auch späteren stressbedingten Verhaltensstörungen wie dem Kleben – ausgelöst durch Verlustängste – effektiv vor.

Stress beim Umgang

Viele Stressreaktionen im täglichen Umgang mit dem Pferd könnten vermieden werden, hätte man bereits das Fohlen und Jungpferd mittels Basislektionen fachge-

Beim Anbinden muss das Pferd eine gute Rundumsicht haben.

recht und angstfrei an die bereits erwähnten alltäglichen Handlungen gewöhnt. Versäumnisse oder Fehler im Umgang führen zu Stresssymptomen aufgrund fehlender oder schlechter Erfahrungen, die wiederum auf Angst vor dem Unbekannten oder auf Schmerz beruhen.

In diesen Fällen hilft nur eine zeit- und arbeitsintensive Stresstherapie, die durch eine Vertrauensperson in entspannter und für das Pferd sicherer Atmosphäre schrittweise durchgeführt wird, indem bei geringsten Stressanzeichen die Gewöhnungsübungen unterbrochen und erst wieder fortgesetzt werden, wenn sich das Pferd vollständig beruhigt hat. Durch diese „Step by step"-Vorgehensweise mit vielen Pausen und Loben lässt man aufkommenden Stress quasi ins Leere laufen, wobei Gelassenheit und Ruhe oberste Prinzipien sind. Auch diverse Ablenkungsmanöver – zum Beispiel eine sanfte Massage oder beruhigende Worte – können den Stresslevel senken beziehungsweise ein übermäßiges Anschwellen vorab verhindern.

Zeigt ein an sich gelassenes Pferd beim alltäglichen Umgang plötzlich Stresssymptome wie Gegenwehr oder Fluchtanzeichen, liegt das an akutem Unwohlsein oder Schmerzen infolge von zu hektischem oder zu grobem Vorgehen (zu schnelles und heftiges Angurten), unpassender Ausrüstung (falsches Gebiss) oder einer Verletzung beziehungsweise Erkrankung. Die verschiedenen Ursachen für das jeweilige Stressverhalten müssen dann abgeklärt und abgestellt werden.

Während einer tierärztlichen Untersuchung oder Behandlung kommt es immer wieder zu stressbeladenen Situationen, wenn das Pferd trotz Schmerzen oder Angst ruhig stehen bleiben muss. Um gefährlichen Situationen oder traumatischen Erlebnissen hier vorzubeugen, müssen häufig stressreduzierende Hilfsmittel wie ein sicherer Untersuchungs- und Behandlungsstand und auch rechtzeitig gegebene Beruhigungsmittel zum Einsatz kommen, wenn vertrauensbildende Maßnahmen nicht ausreichen oder die Zeit drängt.

Nasenbremse als Beruhigungsmittel?

Durch die Oberlippen- oder Nasenbremse kommt es nicht – wie oft angenommen – zu einem „ablenkenden“ Schmerz, sondern sie löst eine akupressurartige Ausschüttung von körpereigenen Endorphinen aus, die nach circa einer Minute und für die Dauer von bis zu 12 Minuten beruhigend und entspannend wirken. Endorphine gehören zur Gruppe der Opioide und sind Stoffe, die die Schmerzempfindung unterdrücken. Durch die Nasenbremse werden bestimmte Gehirnabschnitte gereizt, wodurch diese Endorphine verstärkt in die Blutbahn abgegeben werden und eine kurzfristige Schmerzlosigkeit bewirken. Sie sind praktisch ein vom Körper selbst hergestelltes Morphium.

Bei der Anwendung muss allerdings Folgendes beachtet werden:

- Nur handelsübliche Nasenbremsen mit Griff und einer circa 25 Zentimeter langen Schnur verwenden. Keine Bremsen aus Metall(zangen)!
- Die Bremse mit Gefühl anlegen und dabei nur die Oberlippe erfassen. Nicht zu hoch ansetzen, da sonst die Nüstern eingeengt werden und die Atmung behindert wird.
- Die Bremse nicht zu fest anziehen oder nachziehen, da dies die Wirkung nicht beeinflusst.
- Die Bremse immer von der Seite anlegen und halten, nie von vorn.

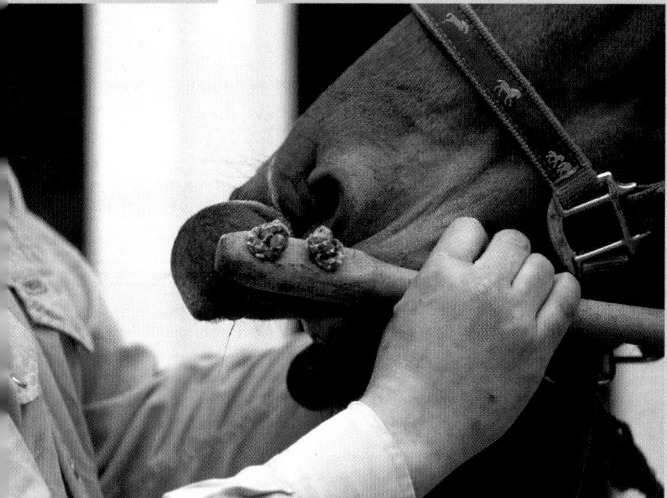

Durch eine korrekt angelegte Nasenbremse lässt sich bei medizinischen Eingriffen unnötiger Stress umgehen.

Stress beim Verladen und Transport

Wer kennt nicht die dramatischen und zum Teil unschönen Szenen beim Verladen eines Pferdes? Häufig entwickelt sich aus einem zunächst ruhigen Verladebeginn eine frustrierende und stresserfüllte Auseinandersetzung zwischen allen Beteiligten. Aber warum ist es in vielen Fällen so schwierig, Pferde nur wenige Meter in den Anhänger zu führen, während sie problemlos und völlig freiwillig in einen ebenso engen Fressstand hineingehen? Was ist der Grund für dieses unterschiedliche Verhalten bei nahezu ein und demselben Vorgang?

Ein oft angeführtes Argument für Probleme beim Verladen ist, dass das Fluchttier Pferd freien Raum benötige und der enge, dunkle und von allen Seiten umschlossene Innenraum eines Anhängers ihm Angst mache und Stress erzeuge. Aber warum geht es dann – wie in vielen Verladekursen üblich – ohne zu zögern in simulierte hängerähnliche Gassen aus Ständern, Stangen und Planen und nicht gleich in den Anhänger?

Verladeprobleme scheinen eher durch traumatische Erlebnisse – sogenannte „Initialtraumen“ – zu entstehen, zum Beispiel durch die Trennung des Pferdes von seinem gewohnten Umfeld und seinen befreundeten Artgenossen. Man weiß nämlich, dass Stress in Kombination mit Angst traumatische Prozesse bei Pferden in Gang setzen kann. Die meisten jungen oder unerfahrenen Pferde gehen beim ersten Verladen zwar zögerlich, dann aber neugierig und ohne größere Schwierigkeiten in den Anhänger hinein. Machen diese Pferde jedoch während des Transports schlechte Erfahrungen, wird das durch Instinkte geleitete Fluchttier Pferd zur Widersetzlichkeit beim erneuten Verladen veranlasst. Denn auch Widerstand ist eine Art der Flucht.

Eine taktisch unkluge Vorgehensweise beim Verladen junger Pferde kann zu traumatischen Erlebnissen führen.

Der Geruchssinn des Pferdes entscheidet mit, ob eine Situation Anlass zum Stress gibt.

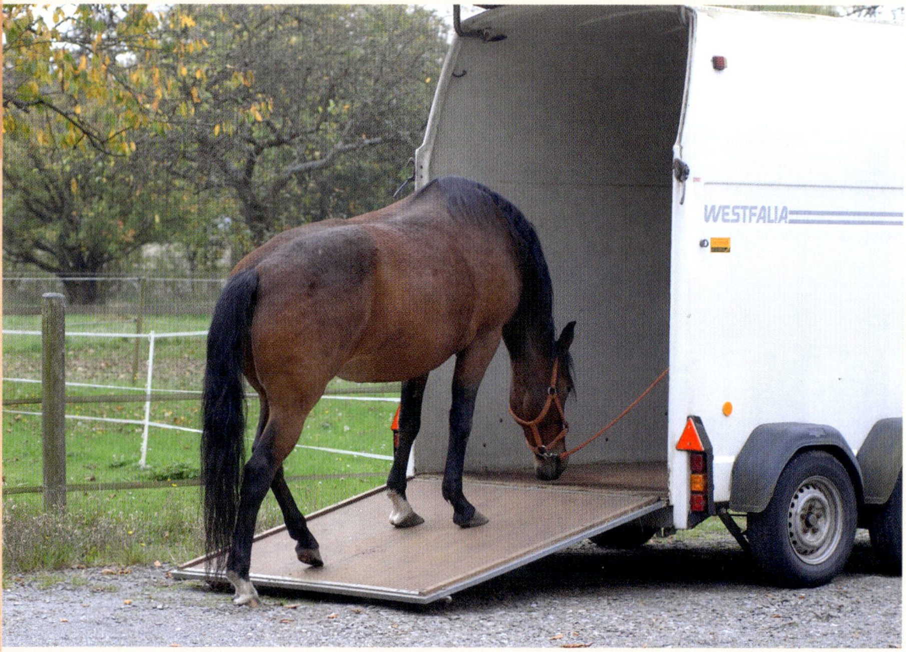

Stress beim Verladen – auch wenn alle stressmindernden Vorkehrungen angewendet werden – erklärt sich also auch durch die Verbindung von Erinnerung und Sinneswahrnehmung. Im Großhirn werden Sinneswahrnehmungen verarbeitet (Primärbereich) und Langzeiterinnerungen gespeichert (Sekundärbereich). Dabei spielt der Geruchssinn beim Verladen die entscheidende Rolle. Dieser ist neben dem Gehörsinn der am besten entwickelte Sinn beim Pferd. Im Laufe seines Lebens lernt das Pferd, welche Gerüche ihm Angst machen und welche Anlass zur Freude geben. Kurz: Gefahr „stinkt", Fortpflanzung, Freunde und Futter „duften", und diese Informationen sind fest im Sekundärbereich des Großhirns verankert.

Beim Betreten der Verladeklappe orientiert sich das Pferd weitgehend mit dem Geruchssinn und wittert die von Stresshormonen durchsetzten Exkremente der transportierten Vorgänger – auch wenn schon lange Zeit kein Pferd mehr in diesem Anhänger gefahren wurde. Diese Wahrnehmung gelangt dann in den Primärbereich des Großhirns, worauf beide Informationen (Erinnerung und Sinnesreiz) abgearbeitet werden und die Entscheidung getroffen wird: Gefahr! Gehe nicht in diesen Anhänger! Deshalb sollte man nach jedem problematischen Transport die Hängerklappe und den Innenbereich des Anhängers sorgfältig säubern. Anschließend kann man durch Auslegen von vertrauter und beruhigender „Pferdepost" wie dem eigenen Kot des zu verladenden oder dem eines befreundeten Pferdes eine „falsche Fährte" legen, die das Verladen einfacher macht.

Dem Stress beim Verladen kann auch durch ein solides Verladetraining vorgebeugt werden. Seriöse Verladetrainer arbeiten in erster Linie mit vertrauensbildenden Maßnahmen anstatt mit Zwangsmitteln oder Tricks. Dabei geht es darum, das Pferd gleichzeitig für bestimmte Reize empfindlich zu machen (Sensibilisieren) und Überempfindlichkeiten herabzusetzen (Desensibilisieren).

Unter der sogenannten „systematischen Desensibilisierung" versteht man den Prozess der Verhaltenstherapie, die mit einem schrittweisen Verfahren gegen Angststörungen und andere Gefühlsüberflutungen vorgeht.

Der Verladetrainer stellt zunächst eine Reizhierarchie auf, da es bei den meisten Angststörungen des betreffenden Pferdes in Bezug auf das Verladen zuvor zu einer Reizüberflutung gekommen ist. Hat das Pferd also insgesamt Angst vor dem Verladen, hat es vielleicht auch Angst vor den Geräuschen beim Betreten der Anhängerklappe, etwas weniger beim Überqueren einer Holzbrücke und noch weniger Angst – mehr ein Gefühl des Unbehagens – beim Betreten einer Holzplatte auf dem Boden. Die systematische Desensibilisierung setzt dann in der Therapie an dem schwächsten Glied der zuvor erstellten Reizhierarchie an und konfrontiert das Pferd mit diesem Objekt, also der Holzplatte, das es in nur geringem Maße mit dem eigentlichen Angstobjekt in Zusammenhang bringt. Zusätzlich wird ein Verhalten eingeübt, das der Angst entgegenwirkt. In dem Moment, wenn im Zusammenhang mit einem Reiz Stress auftritt, wird der Reiz sofort entfernt (hier: die Übung abgebrochen) und zur Entspannung übergegangen. Hat das Pferd sich schließlich daran gewöhnt, ist es also desensibilisiert, kann die nächste Stufe in Angriff genommen werden, also die Überquerung einer Holzbrücke. Die Reizhierarchie wird bis zum Auslöseobjekt der Phobie – also der Anhängerklappe – schrittweise abgearbeitet.

Parallel zur Desensibilisierung wird damit begonnen, das Pferd auf bestimmte Reize empfindlich zu machen, also so zu sensibilisieren, dass schließlich ein minimaler Druck mit der Führhand am Strick nach vorn ausreicht, um das Pferd in Richtung Anhänger zu bewegen.

Das gesamte auf Sensibilisieren und Desensibilisieren aufgebaute Verladetraining

Hat das Pferd seine Angst vor Holzplatten auf dem Boden und sogar einer Brücke überwunden, bedeutet dies einen großen Schritt in Richtung stressfreies Verladen.

Das reibungslose Verladen beziehungsweise Entladen eines Pferdes setzt ein entsprechend stressreduziertes Training voraus.

geschieht mit viel Geduld, aber Konsequenz. Wichtig ist – wie dann anschließend auch beim hoffentlich gut verlaufenden Verladevorgang –, dass es keinen „Verlierer“ und „Gewinner“ gibt, sondern nur Gewinner!

Stressfreier Transport

Die Grundregel beim Transportieren heißt: ruhig und bedächtig fahren. Wichtig ist, sanft und rechtzeitig – besonders vor Ampeln – zu bremsen, sachte zu beschleunigen und in den Kurven gleichmäßig und langsam zu fahren. Das Pferd kann von seinem Standpunkt die Kurven nicht erahnen und muss auf engem Raum die Schwankungen und seitlichen Fliehkräfte ausbalancieren. Das ist ein biss–chen wie Achterbahn fahren mit geschlossenen Augen …

Einfluss von Stress bei Ausbildung und Training

In der Ausbildung und beim Training von Pferden lauern ebenfalls viele Stressoren, die nicht selten Folge mangelnden Wissens über die Psyche und die arttypischen Verhaltensweisen des Pferdes sind. Grundvoraussetzungen für eine möglichst stressfreie oder zumindest stressreduzierte Ausbildungs- und Trainingssituation sind:

- ausreichende Kenntnisse über Sinnesleistungen, Reaktionen und Lernvermögen des Pferdes
- Schaffung eines gegenseitigen Vertrauensverhältnisses zwischen Mensch und Pferd

Verweigern ist eine typische Stressreaktion beim Pferd, wenn es überfordert wird.

- faires und souveränes, aber konsequentes Vorgehen, das dem Pferd Sicherheit gibt
- realistische Einschätzung der individuellen Fähigkeiten des Pferdes sowie der eigenen reiterlichen Fertigkeiten

Sehr wichtig für die Ausbildung und das Training von Pferden ist das Lernen. Wie auch bei vielen anderen Verhaltensweisen wäre ein Leben ohne ständiges Lernen – und dadurch Anpassung – schwer möglich. Inzwischen weiß man, dass Stress Lernen blockiert oder zumindest stark einschränkt. Deshalb muss dem Stressgeschehen in Bezug auf das Lernen ein besonderes Augenmerk gewidmet werden.

Stressreaktionen treten beim Training immer dann auf, wenn zwischen den individuellen Fähigkeiten des Pferdes und den leistungsbezogenen Anforderungen Ungleichheiten bestehen. Deshalb sollte man beim geringsten Stressanzeichen die Lektion abbrechen und darüber nachdenken, ob die soeben geforderte Leistung nicht seine Möglichkeiten übertraf.

Wie lernen Pferde?

Ein Pferd lernt sein ganzes Leben lang. Dabei erfasst es ständig unterschiedliche Reize und Signale, die es über die Sinnesorgane wahrnimmt und im Gehirn verarbeitet. Dort wird dann über die entsprechende Reaktion entschieden.

Pferde lernen sehr schnell. Und das machen sie nicht, um ihren Besitzern zu gefallen, sondern um sich selbst das Leben leichter zu machen. Es dient ausschließlich der Optimierung des eigenen Zustands. Eine Lektion nicht oder falsch auszuführen hat immer einen Grund. Vielleicht hat das Pferd aufgrund widersprüchlicher Befehle nicht verstanden, was es tun soll, oder ihm fehlt möglicherweise die erlernte Einsicht dazu.

Beim Lernen aus positiver Bestärkung erfolgt unmittelbar auf eine richtig durchgeführte Lektion eine positive, für das Pferd angenehme Reaktion – ein Lob, zum Beispiel mit der Stimme, durch ein kurzes Kraulen am Widerrist oder auch ein Leckerli. Bestärkt man das Pferd regelmäßig beispielsweise mit einem Leckerli, nachdem es den Kopf gesenkt hat, wird es den Kopf immer wieder senken, um die Belohnung zu erhalten. Je höher der Anreiz und die Intensität des Lobes, umso größer die Motivation und umso zuverlässiger und häufiger wird das Verhalten vom Pferd gezeigt. Diese Form der Verstärkung ist die pferdegerechteste, da das Lernen hierbei nicht von Stress auslösenden Reizen wie Angst, Aggression oder Druck negativ beeinflusst wird.

Die negative Verstärkung wird angewendet, um einem unerwünschten Verhalten des Pferdes entgegenzuwirken. Dabei wird die negative Handlung dann ausgesetzt, wenn das Verhalten vom Pferd positiv verändert wurde. Man kann also einem Pferd das Kopfsenken beibringen, indem man so lange leichten Druck auf das Genick ausübt, bis es den Kopf senkt, um diesem zu entgehen. Ist der Kopf gesenkt, sollte der Druck aufhören. Es hat gelernt, den Kopf

Durch Belohnungen lernt das Pferd schneller und leichter.

zu senken, um somit dem Druck auszuweichen. Die eigentliche Motivation, nämlich das Verhalten bereitwillig zu ändern, ist im Gegensatz zur positiven Verstärkung jedoch nur in geringerem Maße vorhanden.

Stressbedingte Lernblockaden auflösen

Gewöhnung ist der am häufigsten angewendete und einfachste Lernprozess. Hierbei wird das Pferd wiederholt mit denselben Reizen konfrontiert, was eine Abnahme der Reaktionsstärke bewirkt. Eine weitverbreitete Trainingsart, die sich auf Gewöhnung zurückführen lässt, ist das Prinzip von Annäherung und Rückzug, das sich am Beispiel einer Plastikplane erklären lässt. Die meisten Pferde zeigen bei der ersten Konfrontation mit einer Plane Stressreaktionen wie Angst oder Flucht. Soll das Pferd an die Plane gewöhnt werden, führt man es gerade so nah heran, dass es nicht zur Flucht veranlasst wird. Um dem Pferd klarzumachen, das es sich nicht um einen dauerhaften Stressfaktor handelt, wird das Prinzip von Annäherung und Rückzug angewendet. Die Plane wird in Richtung Pferd so lange geschwenkt und wieder entfernt, bis es diese toleriert. Die Gewöhnung setzt ein, und die Stressreaktion, die das Pferd auf die Plastikplane zeigt, wird reduziert. Dann können die Anforderungen gesteigert werden, indem man die Entfernung immer mehr verringert und später sogar einen direkten Kontakt durch Beschnuppern herstellt. Die Gewöhnung an diesen oder beliebig andere Stressoren in der Reitbahn oder im Gelände führt dazu, dass die Reizschwelle des Pferdes herabgesetzt wird und so eine allmähliche Abschwächung der Reaktion eintritt.

Lässt man Pferden Zeit, ungewöhnliche Gegenstände ausgiebig zu inspizieren, …

Strafe und Tadel: der stressrelevante Unterschied

Der Begriff „Strafe“ ist ein rein menschlicher und existiert in der Welt der Pferde nicht. Strafe im menschlichen Sinn setzt ein reflektierendes Denkvermögen voraus, aus dem ein Unrechtsbewusstsein hervorgeht, also die Einsicht in ein begangenes Unrecht. Pferde fühlen sich jedoch nicht schuldig, und sie bereuen auch nichts. Sie können nur ein angenehmes oder unangenehmes Gefühl mit einem bestimmten Verhalten in Verbindung bringen. Deshalb sollte man die Bezeichnung „Bestrafen“ ganz aus dem Kopf streichen und stattdessen dem Wort „Tadeln“ den Vorrang geben. Denn Tadel bedeutet Rüge, Missfallen,

... zeigen sie auch in Gelassenheitsprüfungen keine Stressanzeichen.

Zurechtweisung oder Ermahnung, was dem Pferdeverhalten am nächsten kommt.

Allerdings werden beim Tadeln nicht selten entscheidende Fehler begangen. Unkonsequentes und für das Pferd missverständliches Tadeln kann sich zum einen in Missachtung und Respektlosigkeit gegenüber dem Menschen äußern, zum anderen kann unfaires oder zu heftiges Tadeln zu unverhältnismäßigen Stressreaktionen führen. Um Lob und Tadel erfolgreich einzusetzen, muss man diese aus der Sicht der Pferde betrachten und ihre jeweiligen Reaktionen genau kennen.

So werden beispielsweise rangniedere Pferde von ranghöheren gerügt, wenn sie ihnen den Futterplatz streitig machen wollen oder ihnen unerlaubt zu nahe kommen, also ihre Individualdistanz nicht einhalten. Pferde reagieren untereinander höchst selten mit langen, wilden Keilereien oder Beißereien auf Rangstreitigkeiten, weil sie sich als Beutetiere möglichst unauffällig verhalten müssen und ihre Verteidigungsstrategie prinzipiell im Flüchten, nicht im Angreifen besteht. Deshalb besteht die Zurückweisung in feinen Signalen wie einem kurzen Kopfschütteln oder Schweifschlagen mit leicht angelegten Ohren sowie in deutlichen Drohgebärden wie dem Halsstrecken mit flach zurückgelegten Ohren und offenem Maul oder dem Anheben eines Hinterbeins. Pferden kommt es bei ihren Rügen also darauf an, sich mit einer eindeutigen Körpersprache Respekt im Sinne von Anerkennung ihrer Rangposition zu verschaffen. Es geht ihnen nicht darum, ihren Artgenossen Schmerzen zuzufügen oder Angst einzuflößen. Dadurch würden sie nämlich das Vertrauen und zugleich auch den Respekt der rangniederen Tiere verlieren.

Da das Pferd kein Schuldbewusstsein hat, versteht es den Tadel nur, wenn dieser innerhalb der ersten Sekunden – also unmittelbar danach, besser noch während des unerwünschten Verhaltens – erfolgt. Alles, was später passiert, können Pferde nicht mehr mit der ungebetenen Verhaltensweise in Verbindung bringen. Jeder Tadel, der nicht rechtzeitig kommt, ist also nicht nur sinnlos, sondern kann auch mit einem Vertrauensverlust einhergehen. Demzufolge sind lang andauerndes Tadeln oder äußerst fragwürdige Praktiken wie Futterentzug, Wegsperren, Anbinden über einen längeren Zeitraum sowie sogenanntes „Strafexerzieren" (das anhaltende Wiederholen von Lektionen unter Zwang) für das Pferd unverständlich und Stress auslösend. Völlig unangebracht ist das Tadeln auch, wenn das Pferd sich erschreckt, Angst hat oder in Panik gerät. Ebenso dann, wenn es mit einer ihm gestellten Aufgabe schlichtweg überfordert ist. Zum Erlernen neuer oder schwieriger Lektionen ist Tadeln absolut ungeeignet, da Pferde den Tadel als Rüge oder Zurückweisung verstehen – also nur dahingehend, eine bestimmte Verhaltensweise zu unterlassen, nicht aber um ein erwünschtes Verhalten zu zeigen!

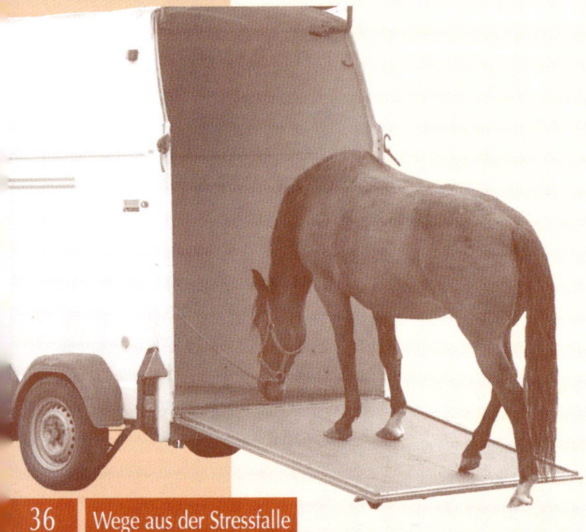

Kontraproduktiv ist Tadeln außerdem, wenn man ungerechtfertigt, unangemessen und unkontrolliert vorgeht, wie zum Beispiel beim absichtlichen oder unabsichtlichen Reißen am Zügel. Auch bei völlig abgestumpften Pferden oder solchen, die durch permanente Gewalteinwirkung gänzlich das Vertrauen zum Menschen verloren haben, darf auf keinen Fall getadelt werden.

Erlaubt ist der Tadel dagegen, wenn dieser gerechtfertigt ist und dazu dient, eine unerwünschte Verhaltensweise zu unterbinden. Damit das Pferd den Tadel versteht, muss er sofort erfolgen und entsprechend dosiert sein. Schließlich muss ein effektiver Tadel die drei „K´s" erfüllen: kurz, kontrolliert und konsequent.

Pferde unter sich rügen sich vorwiegend mittels einer abweisenden beziehungsweise drohenden Gestik und Mimik mit dem Ziel, von Artgenossen respektiert, jedoch keinesfalls gefürchtet zu werden. Will der Mensch also wirkungsvoll und für das Pferd verständlich tadeln, sollte er das vor allem mithilfe von Stimme und Mimik, Körperhaltung und Körpersprache tun. Ein Schlag mit der Hand oder ein Hieb mit der Gerte sollte wie der Biss oder Tritt unter Pferden die Ausnahme sein und auch nur, wenn das Pferd den Menschen direkt attackiert, einklemmt oder wegdrängelt, also wenn eine direkte Gefahr für den Menschen besteht.

Es gibt viele verschiedene Möglichkeiten, sich als Mensch beim Pferd Respekt zu verschaffen, ohne einen Vertrauensbruch zu riskieren. Dabei kommt es darauf an, dass das Pferd zwischen dem unangenehmen Gefühl und dem unerwünschten Verhalten einen Zusammenhang erkennt und so lernt, dieses zu unterlassen. Ziel sollte es sein, das Pferd so zu sensibilisieren, dass letztlich ein scharfes Wort ausreicht, um es zu tadeln.

Pferde rügen sich untereinander, ohne übermäßigen oder andauernden Stress zu erzeugen.

Bei einer auf Kraft und Gewalt basierenden Reitweise steht das Pferd unter Stress.

Stressreduzierung beim Reiten

Versucht der Reiter mit Zwang, sein heftiges Pferd zu parieren oder es in eine bestimmte Biegung zu pressen, wird es entweder mit dem Unterhals gegen den Zügel drücken oder sich einrollen. In beiden Fällen „verliert" es die Hinterhand und gerät leicht unter Stress.

Zeigt ein Pferd im Training Anzeichen von Stress, sollten die Anforderungen zurückgeschraubt werden. Beruhigend wirken wiederholende Übungen, die das Pferd gut beherrscht und die dem Reiter einen Grund zum Loben geben. Je gestresster ein Pferd wird, desto ruhiger muss der Reiter werden. Das Einstudieren einer neuen Übung, das von Hektik in der Reitbahn durch andere unruhig gerittene Pferde geprägt ist oder durch Lärm von Menschen, Hunden oder Wind beeinträchtigt wird, kann nicht gelingen und somit keinen effektiven Lernerfolg bringen. Also sollte man entweder dafür sorgen, dass solche äußeren Begleitumstände verschwinden, oder in Zeiten trainieren, in denen es in der Reitbahn ruhiger zugeht. Zeigt das Pferd dennoch erste Stressanzeichen, sollte es mit einem entspannten Sitz beruhigt werden: Die Hüften schwingen im Takt mit, der Oberkörper darf nicht vor die Senkrechte fallen. Oberschenkel und Gesäß sind gelöst, die Hand federt entspannt mit, die Schultern bleiben locker. Die Atmung des Reiters sollte gleichmäßig und ruhig sein, und er sollte leise mit seinem Pferd sprechen. Auch wenn es schwerfällt, in gewissen Situationen Ruhe zu bewahren: Das Pferd wird es danken. Wenn der Reiter keine Souveränität und Führungsqualität ausstrahlt, verlässt sich das Pferd in Stresssituationen nur auf seinen Instinkt und fragt nicht erst beim Reiter nach, ob es Angst haben muss oder ob es gelassen bleiben kann.

Versucht das Pferd, seinen Reiter aus dem Sattel zu heben, indem es den Kopf nach unten zieht, ist es vielleicht überfordert, oder die Einwirkung des Reiters war zu hart und das Pferd versucht, sich Luft zu verschaffen. Rennt es häufig gegen den Zügel, ohne offensichtlichen Stress zu haben, sollte die Verschnallung des Reithalfters überprüft und gegebenenfalls ein anderes, passendes Gebiss verwendet werden. Nicht selten respektiert es die Zügelhilfe dann besser. Regelmäßige Zahnkontrollen schließen vermeidbare Maulprobleme ebenfalls aus.

Entspanntes Reiten lässt Stress erst gar nicht aufkommen.

Stressfaktor Gebiss

In der Rachenhöhle des Pferdes kreuzen sich die Luft- und Futterwege. Ihre Anordnung sowie der Aufbau des Gaumensegels und des Kehldeckels verhindern, dass Luft und Futter auf ihren Wegen durcheinandergeraten.

Stört man durch ein unpassendes Reithalfter mit zu dickem Gebiss die Sinneswahrnehmungen und damit die Verarbeitung im Großhirn, kann es zu Beeinträchtigungen im Denken und damit Lernen sowie zu Koordinationsproblemen kommen. Der US-amerikanische Veterinärwissenschaftler Robert Cook veröffentlichte im Jahr 2000 Forschungsergebnisse, aus denen hervorgeht, dass die tägliche Anwendung von Pferdegebissen einen dauerhaften Stressfaktor darstellt, der zu Lernstörungen sowie Erkrankungen der Atmungsorgane führen kann. Er stellte fest, dass das Futter vom Pferd mit offenen Lippen aufgenommen wird, während es diese in der Bewegung, besonders im Galopp, geschlossen hält. Trenst man ein Pferd auf und schiebt ihm ein Gebiss in das Maul, signalisiert sein Gehirn den Befehl „Fressen". Durch die geöffneten Lippen und durch die Bewegung von Kiefer, Zunge und Lippen wird – ähnlich wie beim Fressen – die Speichelproduktion im Maul ausgelöst, die weitere Reaktionen im Verdauungsapparat folgen lassen. Steigt nun ein Reiter auf dieses Pferd und beginnt es zu trainieren, löst ein Teil des Nervensystems Anspannung und Leistungsbereitschaft aus. Diese gegensätzliche Reizüberflutung – also Fressen und Verdauen auf der einen Seite und Anspannung und Leistung auf der anderen Seite – nennt Cook „neurologische Konfusion". Und diese wirkt während des Reitens und besonders in schnelleren Gangarten auf das Pferd als Dauerstressfaktor. Als mögliche Folgen nennt Cook Headshaking, Muskelverspannung und vorzeitige Ermüdung. Hält dieser Dauerstressor während des Trainings unvermindert an, kann es durch die Erschöpfungsphase zur Schwächung des Organismus und auf längere Sicht zu einer Schädigung der Organe kommen. Cook plädiert deshalb energisch für das Reiten mit gebisslosen Zäumungen.

Unpassende Gebisse oder eine harte Einwirkung der Reiterhand legen das Denkvermögen lahm.

Neben der Zäumung kann auch ein schlecht sitzender Sattel zum Stressfaktor werden, wenn dieser dauerhaft verwendet wird. Satteldruck verhärtet Rückenmuskeln beziehungsweise quetscht Nervenstränge entlang der Wirbelsäule. Ein gut angepasster Sattel sowie regelmäßige Sattelkontrollen beugen dem vor.

Ob der Lärm, die drehenden Bewegungen der Rotorblätter und die so erzeugten Schatteneffekte durch Windkraftanlagen Dauerstressfaktoren darstellen, ist noch nicht eindeutig geklärt.

Stress durch Lärm

Der Gehörsinn des Pferdes ist äußerst gut und differenziert ausgebildet und weitaus schärfer als der des Menschen. Das ergibt sich aus der trichterartigen Form der Ohrmuscheln, die eine Verstärkung der Schallwellen bedingen. Das bedeutet, dass das Pferd sehr leise Geräusche wahrnimmt, die der Mensch nicht mehr hören kann. Das

Durch die Gewöhnung an den Klappersack wird die Reizschwelle für Lärm effektiv gesenkt.

feine Gehör erklärt die Sensibilität gegenüber Krach und Lärm, die das Pferd in Unruhe versetzen können. Laute und helle Stimmen werden als unangenehm empfunden, dagegen wirken leise und ruhige Töne wie tiefes und sonores Sprechen beruhigend. Vertraute Stimmen oder bekannte Laute erkennt das Pferd sofort. Pferde hören aber nicht nur besser als Menschen, sondern sind auch vermehrt fähig, Töne von anderen zu isolieren, zu lokalisieren und die Entfernung zu bestimmen, was als Richtungshören bezeichnet wird. Im Gegensatz zum Menschen kann das Pferd außerdem seine Ohren unabhängig voneinander bewegen und ist dadurch in der Lage, mit jedem Ohr in eine andere Richtung zu hören.

Die Frage, inwiefern und in welchem Ausmaß bestimmte Lärmquellen Einfluss auf das Stressgeschehen beim Pferd haben, ist nicht einfach zu beantworten. Wie auch bei anderen Stressfaktoren spielen Gewöhnung und Anpassungsfähigkeit des Pferdes eine große Rolle. Es ist schon bemerkenswert, wie turniererfahrene Pferde die unterschiedliche und zum Teil enorme Geräuschkulisse „wegstecken". Seltene und außergewöhnliche Lärmquellen wie das Silvesterfeuerwerk oder durchdringender Tiefflugläirm hingegen erzeugen sichtbaren Stress.

Problematisch ist in jedem Fall unablässiger Dauerlärm: Permanente und eindringliche Geräuschkulissen im Stall, die durch Menschen, Hunde, Maschinen oder laute Radios hervorgerufen werden, müssen als Dauerstress erzeugend eingeordnet werden und sollten abgestellt oder zumindest eingeschränkt werden.

Eine probate Methode, um ein Pferd an kurze, aber heftige Lärmquellen zu gewöhnen, ist das sogenannte „Aussacken". Hierzu werden ein Sack mit geräuschvollem Inhalt wie Blechdosen, knisterndem Papier oder Folie, Bodenstangen und ein Stock benötigt. Mit der Klappersack-Übung bereitet man das Pferd auf unterschiedliche Geräusche vor, und es lernt, trotz Geräuschkulisse stehen zu bleiben. Außerdem fördert die Übung Vertrauen und Gehorsam.

Man legt ein Stangenrechteck auf den Boden. Dann stellt man das Pferd hinein und zeigt ihm den Sack, mit dem die Geräusche gemacht werden. Das Pferd soll dabei stehen bleiben, ohne seinem Fluchtinstinkt nachzukommen. Dadurch lernt es, die Dinge als ungefährlich zu akzeptieren, auch wenn sie laut sind. Nach und nach steigert man in mehreren Trainingseinheiten die Übung bis zum starken Schütteln des Klappersacks, wobei man später auch um das Pferd herumläuft.

Die Steigerungsmöglichkeit besteht darin, den Sack an einen langen Stock zu binden und das Pferd „auszusacken", das heißt, das Pferd wird mit dem Klappersack an den Beinen, der Kruppe, am Rücken und am Bauch berührt. Dann wird die Intensität der Berührung verstärkt – von leicht zu fester. Das Pferd soll nach wie vor im Rechteck stehen bleiben und möglichst ruhig und gelassen in dieser Situation reagieren. Schließlich werden die begrenzenden Stangen weggenommen. Das Pferd sollte nun in der Lage sein, trotz Klappersack frei stehen zu bleiben und nicht zu flüchten. Selbstverständlich darf diese Übung nur auf sicher eingezäunten Plätzen oder in der Halle stattfinden. Diese Übung ist übrigens auch Bestandteil von Gelassenheitsprüfungen, wobei der Klappersack neben dem geführten Pferd mitgezogen wird. Das Pferd soll hierbei ruhig bleiben und keine Fluchtreaktionen zeigen.

Innere und „stille" Stressfaktoren

Während äußere, aus dem Umfeld des Pferdes einwirkende Stressoren meist klar ersichtlich sind und man Ursache und Wirkung deutlich einander zuordnen kann, gilt das für innere Stressfaktoren weniger oder gar nicht. Nur erfahrene Pferdehalter können aus den unterschiedlichen Reaktionen eines Pferdes ablesen, ob ein innerer Reiz vorliegt. Es gibt eine beträchtliche Anzahl „stiller" Reizereignisse, die im Folgenden angesprochen werden sollen.

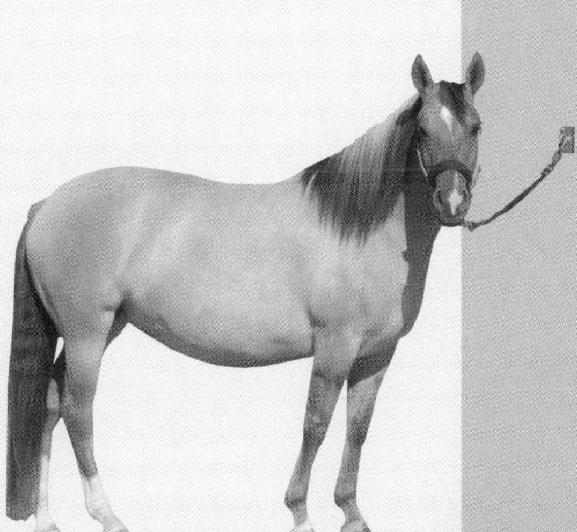

Psychische Stressauslöser

Stress muss sich nicht immer durch offenkundige Verhaltensweisen des Pferdes äußern. Nur allzu oft tarnt er sich durch subtile oder verdeckte Stressanzeichen, wenn er „von innen" ausgelöst wird: Trauer, Trennungsschmerz durch Stall- oder Herdenwechsel, Schlafentzug, Unterforderung, Langeweile oder Einsamkeit bei Einzelhaltung ohne Artgenossen können als „verborgene" oder „stille" Stressfaktoren bezeichnet werden.

Die dadurch ausgelösten Stressanzeichen werden vom Menschen kaum wahrgenommen oder erkannt. Subtile und verborgene Stressfaktoren, ausgelöst durch entwürdigende Handlungen gegenüber dem Pferd, sind schwer greif- und nachweisbar. Häufig spielen sich solche Peinigungen fast unbemerkt ab. Es sind hier vor allem unbewusste und/oder ungewollte, aber nicht artgerechte Vorgänge, die sich aus Fehlern in Haltung, Umgang, Ausbildung und Training ergeben.

Ein echter dauerhafter Stressfaktor für das Pferd, der selten erkannt wird, ist Schlafmangel. Er entsteht dadurch, dass sich rangniedere Pferde im Offenstall ohne durchdachte Raumplanung weniger ausruhen und hinlegen, was zu Erschöpfungszuständen führt. Es müssen deshalb ausreichend Ruhe- und Liegebereiche vorhanden sein, die von Fressbereichen getrennt angeordnet sind. Außerdem ist es hinsichtlich der Ruhemöglichkeit von Vorteil, offene und große Innenbereiche mittels Raumteiler so zu gestalten, dass sie rangniederen Pferden mehr Schutz bieten.

Schlafmangel und andere Triebstaus wie fehlender Sozialkontakt bestehen vor allem in der absoluten Einzelhaltung (ohne Artgenossen). Die Herde ist für das Pferd lebenswichtig. Daran hat auch die Haustierwerdung nichts geändert. Selbst wenn bestimmte Haltungsbedingungen wie Platzangebot, Freilauf oder Fütterung ausreichend sind und sich das Pferd noch so sehr dem Menschen angeschlossen hat,

Während einzeln gehaltene Pferde nie genügend Ruhe zum entspannten Schlafen finden können, …

wird sich ein einzeln gehaltenes Pferd niemals völlig sicher fühlen und entspannt schlafen können.

Die Trennung befreundeter Pferde durch einen Stallwechsel oder Wechsel des Gruppenverbandes wird von Pferden unterschiedlich verarbeitet. Viele Pferdebesitzer berichten von großer Trauer

… können sie sich im Schutz der Herde stressfrei niederlegen.

ihres Pferdes, wenn ihm sein eng befreundeter Partner aus der Nachbarbox oder der Gruppe „genommen“ wird. Dabei reicht die Skala der Reaktionen von lang andauernder Unruhe, Apathie und Futterverweigerung bis hin zu unerklärlichen Widersetzlichkeiten im Umgang oder beim Reiten.

Schmerz

Stressfaktoren können nicht nur durch äußere Reize, die über die Sinne an das Gehirn vermittelt werden, sondern auch durch innere organische Reize entstehen. Solche inneren Reize sind beispielsweise Infektionen, Koliken, Entzündungen, Immunschwächen oder übersteigerte Immun-

Vielen Pferdebesitzern ist gar nicht bewusst, welchen Stress sie verursachen können, wenn sie befreundete Pferde willkürlich trennen.

reaktionen (Allergien), Organschäden, Muskelschwächen oder -schäden, Nervenschädigungen, Reaktionen durch Impfungen oder Wurmkuren und alle sonstigen abträglichen, von innen ausgelösten Vorgänge. In erster Linie sind es die Schmerzen, die von den zuvor genannten Ereignissen verursacht werden und die das Pferd in Stress versetzen.

Während Unbehagen oder Unruhe bei Durchfall oder nach einer Wurmkurgabe nur geringere innere Stressfaktoren sind, können Schmerzen je nach ihrer Stärke nachhaltig dauerhafte oder heftige temporäre Stressoren sein. Die Einschätzung der Intensität des Stressors Schmerz ist beim Pferd nicht einfach. Denn während Hunde jaulen, Katze schreien und Menschen weinen oder jammern, leiden Pferde meist stumm, obwohl ihr Schmerzempfinden genauso ausgeprägt ist wie jenes anderer Wirbeltiere.

Im Wesentlichen wird zwischen dem akuten und dem chronischen Schmerz unterschieden. Akute Schmerzen sind nur kurzfristig vorhanden und verursachen daher auch nur einen zeitweiligen Stress.

Chronische Schmerzen hingegen, die über einen längeren Zeitraum, manchmal sogar jahrelang, wie bei der Hufrehe, andauern, wirken als dauerhafte Stressfaktoren. Dabei ist die empfundene Stärke des

Schmerzes unter anderem von der Dichte der Schmerzrezeptoren in der betreffenden Körperregion abhängig, die vor allem im Huf sehr ausgeprägt sind. Da Schmerzrezeptoren nicht anpassungsfähig sind, ist eine Schmerzgewöhnung nicht möglich. Andererseits kann das Schmerzgeschehen ein fatales Eigenleben entwickeln: Werden nämlich längerfristig ständig Schmerzen an das Gehirn gemeldet, kann sich das Nervensystem derart verändern, dass die Sensibilität für Schmerz ansteigt und schließlich nicht mehr weggeht. Es entsteht ein sogenanntes „Schmerzgedächtnis", das im Extremfall Schmerz meldet, der nicht mehr vorhanden ist beziehungsweise dessen Auslöser Jahre zurück liegen können.

Biologisch gesehen ist Schmerz eine sinnvolle Schutzeinrichtung und dient dazu, die Ursachen, also eine Verletzung oder Erkrankung, nicht zu verschlimmern, indem das Pferd ausweicht, abwehrt oder das schmerzende Körperteil schont. Ein heller Oberflächenschmerz führt in der Regel unmittelbar zu einer Flucht- oder Abwehrreaktion, zum Beispiel wenn das

Ein temporärer Stressauslöser ist zum Beispiel das Brennen von Fohlen.

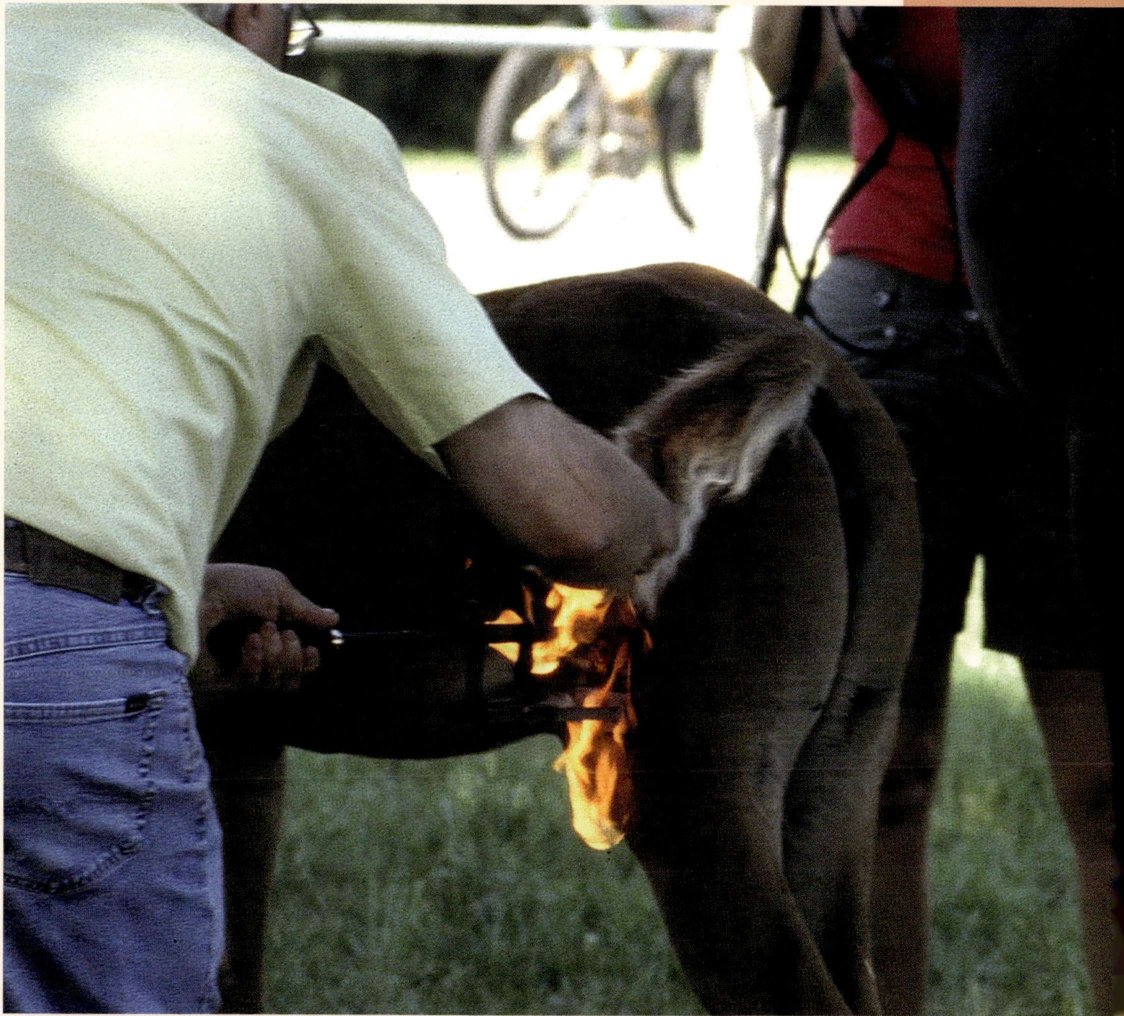

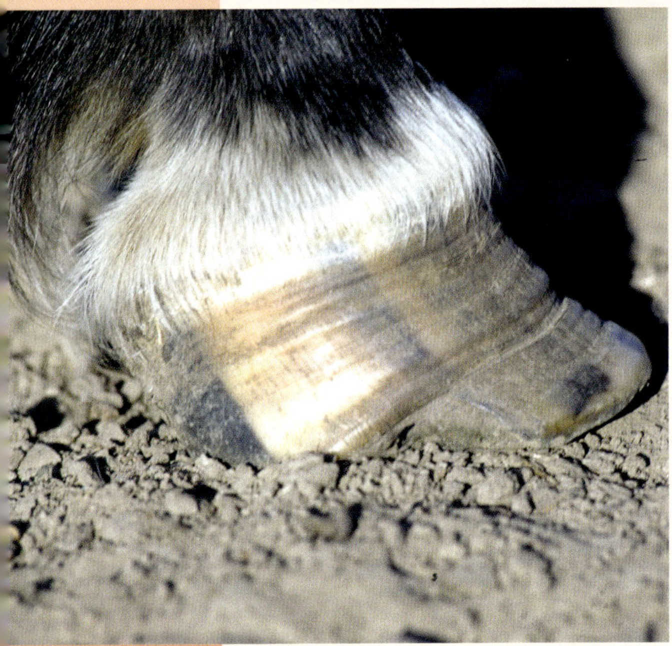

Chronische Hufrehe bedeutet für das Pferd oft Langzeitstress.

Pferd von einem Artgenossen gebissen wird. Bei Tiefenschmerz hingegen wird durch das Schonen eines schmerzenden Beines die Heilung gefördert.

Im Stressgeschehen wird das Schmerzempfinden auch durch die Erwartungshaltung in einer bestimmten Situation beeinflusst. Hat das Pferd schlechte Erfahrungen mit dem Hufschmied oder Tierarzt gemacht, so wird es sich bei seinem Erscheinen an den erlebten Schmerz erinnern, sich aus Furcht vor vermeintlich neuem Schmerz verspannen und unter Umständen schon bei der kleinsten Berührung mit Abwehr oder einem Fluchtversuch reagieren.

Stress in Verbindung mit Schmerzen führt wie auch bei allen anderen Stressvorgängen zur Mobilisierung körpereigener Hormone wie Cortisol und Adrenalin, die den Schmerz kurzfristig blockieren beziehungsweise so lange überlagern, bis das Pferd flüchten und sich in Sicherheit bringen kann. Chronische Schmerzen mit langfristiger Cortisolausschüttung bedeuten jedoch Dauerstress mit den bekannten negativen Folgen für den Organismus.

Eines aber können Pferde mit Sicherheit nicht: Schmerzen vortäuschen. Pferde können zwar mit Abwehr reagieren, wenn sie beim Reiten Schmerzen haben, sich beim Satteln wehren oder versuchen, den Reiter abzuwerfen. Sie sind jedoch kognitiv nicht in der Lage, zum Beispiel vorausschauend zu lahmen, um nicht geritten zu werden. Ein Pferd, das Schmerzsymptome zeigt, verspürt also tatsächlich immer Schmerzen und leidet unter Stress.

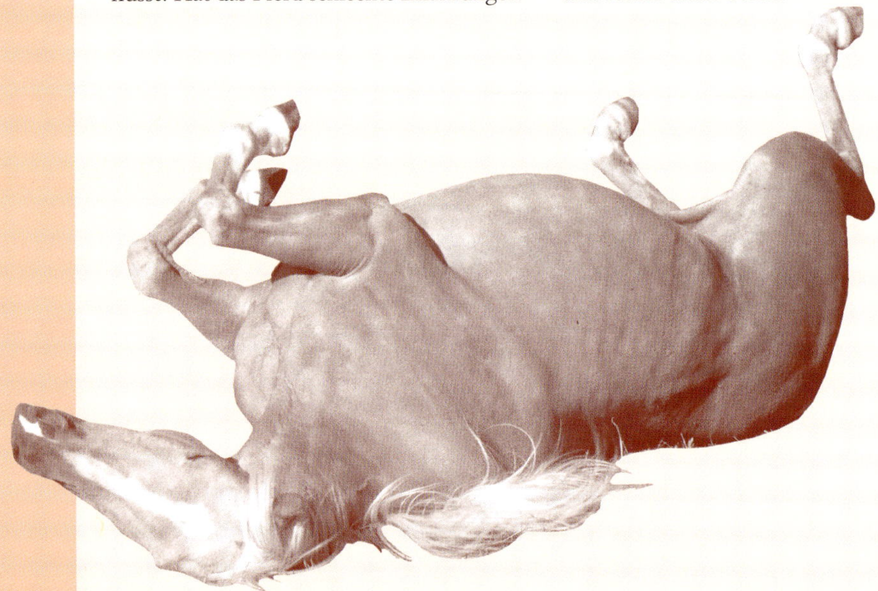

Stressanzeichen erkennen und einordnen

Dieses Pferdegesicht zeigt Stress.

Das Pferd verfügt über eine große Anzahl von Mitteilungsmöglichkeiten, die es ihm erlauben, mit seinen Artgenossen zu kommunizieren: Gestik, Mimik und Lautäußerungen. Sie können einzeln, aber auch kombiniert ausgedrückt werden, was meist eine Verstärkung der Botschaft bedeutet. Dabei gehen allen Stressreaktionen erste Stressanzeichen voraus, die vom Pferdehalter gut, kaum oder gar nicht erkannt und manchmal missverstanden werden. Manche Reaktionen sind aber auch doppeldeutig – zum Beispiel das Schnauben: Es kann Neugier und Interesse ausdrücken, aber auch Unsicherheit und Furcht. Ein anderes Signal ist das Lecken und Kauen: Bei Fohlen bedeutet es erwachsenen Pferden gegenüber Unterlegenheit und Bitte um Nachsicht, bei einem an sich ruhigen Pferd Entspannung, in Kombination mit schneller Atmung, erhöhter Herztätigkeit und Muskelverspannung jedoch vermehrter Stress. In diesem Fall versucht das Pferd mit dem Kauen, den Stress zu bewältigen.

Was die Mimik verrät

Als Mimik bezeichnet man alle durch Muskeln ausgelöste Veränderungen im Kopfbereich eines Pferdes aufgrund äußerer oder innerer Ereignisse. Typische Stressanzeichen sind eine verlängerte Oberlippe, geweitete Nüstern, hochgezogene Lefzen,

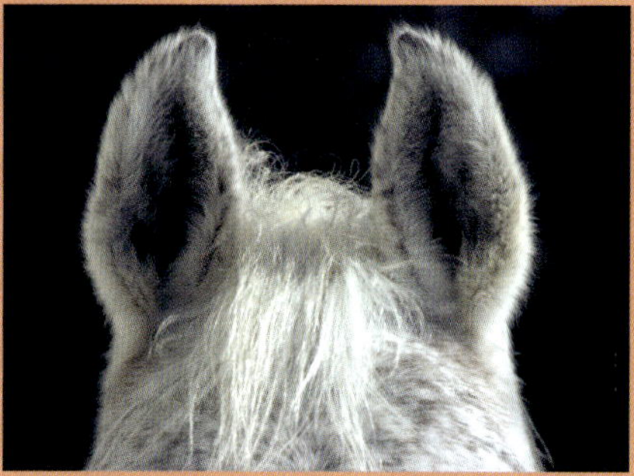

Verschiedene Ohrenstellungen können auf Stress hindeuten – von den kraftlos zur Seite fallenden Flügelohren bis hin zu eng angelegten, Aggression signalisierenden Ohren.

angespannte Maulpartie, weit geöffnetes Maul, Augenrollen, Angstblick, angelegte Ohren oder ständiger Wechsel der Ohrenstellung einzeln nach vorn und hinten.

Signale der Ohren

Die Ohren des Pferdes haben zwei Funktionen: Zum einen sind sie Empfänger hörbarer Signale und damit quasi ein Frühwarnsystem. Zum anderen dienen die Stellung und das Ohrenspiel dem Aussenden optischer Signale und als Stimmungsbarometer. Es gibt im Wesentlichen sieben mögliche Ohrenstellungen: die neutrale Grundstellung, die gespitzte Stellung ohne Anspannung, nach rückwärts gerichtete Ohren, Flügelohren, die angespannte, ganz steil aufgerichtete Ohrenstellung, zuckende und flatternde sowie angelegte Ohren. Für das Stressgeschehen von Bedeutung sind die vier letzteren Stellungen.

Flügelohren fallen entspannt seitwärts, die Muscheln richten sich seitwärts-abwärts. Sie können auf Teilnahmslosigkeit hinweisen und andeuten, dass das Pferd das Interesse an seiner Umwelt verloren hat. Bei der extrem schlaffen Stellung hängen die Ohren zu beiden Seiten kraftlos herab – oft auch ein Zeichen für Schmerzen. Eine angespannte seitwärtsgerichtete Stellung dagegen ist bei stressbeladenen Auseinandersetzungen zwischen Artgenossen Teil der Unterlegenheitsgebärde, zusammen mit dem Kauen.

Die steil aufgerichtete, gespitzte Ohrenstellung nach vorn ist die Habachtstellung. Sie erscheint bei möglichen Stress auslösenden Reizen als erstes Zeichen. Geht die gespitzte Ohrenstellung dann in ein zuckendes, flatterndes Wechselspiel über, wird höchste Anspannung signalisiert, und das Pferd steht kurz vor der Flucht oder einer panischen Aktion. Angelegte Ohren schließlich drücken Unwillen, Aggression oder Dominanz aus. Erscheint das Pferd im

Eine hängende Unterlippe ist typisch für Resignation in der Erschöpfungsphase.

Schattenriss „ohrlos", also drückt es die Ohren massiv in das Genick, ist höchste Gefahr für Mensch und Tier angesagt.

Signale von Maul, Nüstern und Augen

Auch aus dem Gesichtsausdruck lassen sich Rückschlüsse ziehen, ob ein Pferd Stress hat. Zusammengepresste Lippen beispielsweise können sowohl ein Zeichen von Anspannung, Angst oder Schmerzen sein als auch auf eine aggressive Stimmung hindeuten. In der letzten der physiologischen Stressreaktionen, der Erschöpfungsphase, lassen Pferde oft die Unterlippe hängen, ähnlich wie beim Schlafen im Stehen. Geblähte Nüstern weisen dagegen auf Erregung und Anspannung hin.

Ebenfalls in der Erschöpfungsphase, aber auch bei Schmerzen sind die Augen des Pferdes ganz oder teilweise geschlossen. Auch ein vernebelter, tiefer und nach „innen" gerichteter Blick weist auf einen apathischen Zustand des Pferdes in der Erschöpfungsphase hin. Weit aufgerissene Augen sind dagegen ein deutliches Signal für Angst und Schrecken, nach hinten gedrehte Augen für Aggression. Dabei wird das Weiß der Augen sichtbar, und sie treten leicht hervor.

Gestik und Körpersprache

Alle Stellungen, Haltungen oder Bewegungen, die mit dem Kopf, Hals und Rumpf, dem Schweif und den Beinen ausgeführt werden, gelten als Körpersprache oder Gestik des Pferdes. Auch hier finden sich Anzeichen, die als Stressmuster gedeutet werden können.

So spricht ein hoch getragener Schweif für Aktivität, Wachsamkeit und Anspannung, während ein schlaffer oder eingeklemmter

Körperanspannung und hohe Schweifhaltung sind Zeichen für äußerste Erregung und Unruhe.

Schweif Müdigkeit, Erschöpfung, Schmerz, Angst oder Unterlegenheit ausdrückt.

Neben den senkrechten Auf- und Abbewegungen, die eher Unmut andeuten, sind schnelle peitschenartige und kreisende Schweifbewegungen quasi ein „Übersprungverhalten". Man sieht dieses Schweifschlagen sehr oft bei Pferden, die im Sommer ungeschützt auf Weiden mit hohem Insektenaufkommen stehen. Während es hier die Plagegeister sind, die sie mit ihrem Schweif vertreiben, ist das vergleichbar aussehende Schweifschlagen mancher Reitpferde vermutlich eine ähnlich motivierte psychische Reaktion auf den Stress unter dem Sattel. Die im Schweifschlagen zum Ausdruck kommende Angespanntheit wird von Turnierrichtern übrigens als „Nicht-Losgelassenheit" bewertet und entsprechend schlechter bewertet.

Eine analoge Abwandlung kann dem Kopfschütteln, Zurückwerfen des Kopfes und dem Zucken mit dem Kopf zugeordnet werden – alles Reaktionen, um lästige Fliegen am Kopf loszuwerden. Sie sind zu Signalen geworden, die unabhängig von tatsächlich vorhandenen Insekten den Sinn darstellen, ganz generell Verdruss und Unbehagen anzuzeigen. Auch Ausweichverhalten wie das Wegdrehen von Kopf und Hals in die andere Richtung haben ähnliche Ursachen.

Hinweise auf Dauerstress durch Haltungsfehler lassen auch die beiden folgenden Gesten vermuten: das Halswiegen und das Kopfkreisen. Sie finden sich bei Pferden, die in engen Ställen gehalten werden und diese Verhaltensweise oft stundenlang aus Langeweile ausführen. Das Halswiegen – welches als eine Vorstufe des Webens ange-

Alle außergewöhnlichen und sich ständig wiederholenden Bewegungen mit Kopf und Hals sind Stressanzeichen.

Lautäußerungen

Laute spielen im Stressgeschehen des Pferdes eine untergeordnete Rolle. Leichtes Schnauben ist eher eine Mischung aus Neugier und Interesse als ein Anzeichen von Unsicherheit und Furcht. Es zeigt eine mögliche Gefährdung an und macht andere Herdenmitglieder auf eine potenziell drohende Gefahr aufmerksam. Lautes Schnauben in Verbindung mit einer erhobenen Schweif- und angespannter Körperhaltung bedeutet jedoch hochgradige Erregung mit Fluchtbereitschaft. Das Blasen, also das Schnauben ohne Vibration, hat eine ähnliche, aber abgeschwächte Bedeutung wie das Schnauben. Schließlich seien noch das Stöhnen und Ächzen erwähnt, die eher als Schmerzlaute betrachtet werden können, sowie das Seufzen für Langeweile.

sehen werden kann – findet sich auch bei anderen Käfigtieren, die sich vergebens nach Freiheit sehnen. Das Kopfkreisen – nicht zu verwechseln mit dem bei Pferden selten zu sehenden Halskreisen beziehungsweise Halsdrehen, das eine spielerische Äußerung ist und Lebensfreude ausdrückt – ist eine eintönig wiederholte Kopf- und Halsbewegung, die Triebstau und Reizarmut mitteilt. Übrigens hat man unseres Wissens in der freien Wildbahn derartige Kopf- und Halsbewegungen noch nie beobachtet.

Weitere Anzeichen für Triebstau sind das Scharren oder Aufstampfen mit den Vorderhufen sowie das Beinpochen (Treten mit dem Hinterhuf ins Leere, – alles Merkmale für Ungeduld, Langeweile und Protest.

Stressauswirkungen: Wenn Körper und Psyche leiden

Dauerstress beeinträchtigt in der Regel die Gesundheit und das Verhalten des Pferdes derart negativ, dass es über kurz oder lang organisch erkrankt und/oder erhebliche Anomalien in seinem Verhalten entwickelt. Wichtig ist deshalb, mögliche stressbedingte Veränderungen sowohl des Körpers als auch der Psyche als solche rechtzeitig zu erkennen.

Körperliche Folgen

Es gibt eine ganze Reihe von Erkrankungen und gesundheitlichen Störungen, die durch Stress begünstigt oder sogar ausgelöst werden. Dazu zählen Magengeschwüre, Koliken, Atemwegserkrankungen, Erkrankungen des Stoffwechsels, Schädigungen des Immunsystems, Allergien und Knochenverkalkungen.

Magengeschwüre

Inzwischen ist zweifelsfrei bewiesen, dass Pferde unter Einwirkung von Stress und einseitiger Fütterung vermehrt Magengeschwüre bekommen. Wie bereits erwähnt wirkt sich Stress negativ auf das vegetative Nervensystem aus, welches unter anderem die Produktion von Salzsäure im Magen steuert. Unter Stress wird die Produktion von Salzsäure angeregt, was eine Übersäuerung des Magens zur Folge hat. Bei einem unter Dauerstress stehenden Pferd wird die Magenschleimhaut angegriffen, und die betroffenen Bereiche entzünden sich. Durch die Entzündung wird das Gewebshormon Histamin freigesetzt, das wiederum die Säureproduktion stimuliert. Dieser Kreislauf wiederholt sich so lange, bis die unter der Schleimhaut liegende Muskelschicht angegriffen wird und es zu Magengeschwüren kommt. Darüber hinaus begünstigen große Mengen kohlenhydratreiches Futter (Kraftfutter) die Übersäuerung des Magens.

Die Symptome können Kolik, geringerer Appetit, Durchfall, Kotwasser, Abmagerung, blasse Schleimhäute und geringere Leistungsfähigkeit sein. Eine sichere Diagnose ergibt nur die Magenspiegelung.

Die Gegenmaßnahmen bestehen vor allem darin, die Ursachen abzustellen, also den Stress zu mindern, rohfaserreiches Futter zu verabreichen und mindestens zwei Stunden nach dem Füttern Ruhezeit zu geben. Zusätzlich kann die Magensäureproduktion durch Zusatzfuttermittel (zum Beispiel GastroGard®) eingeschränkt und durch Säurebinder (Antazida) ausgeglichen werden. Natürliche Präparate wie Aloe-Vera-Saft bilden zusätzlich einen Schutzbelag auf der Magenschleimhaut.

Verhaltensauffälligkeiten sind eine typische Folge von Stress.

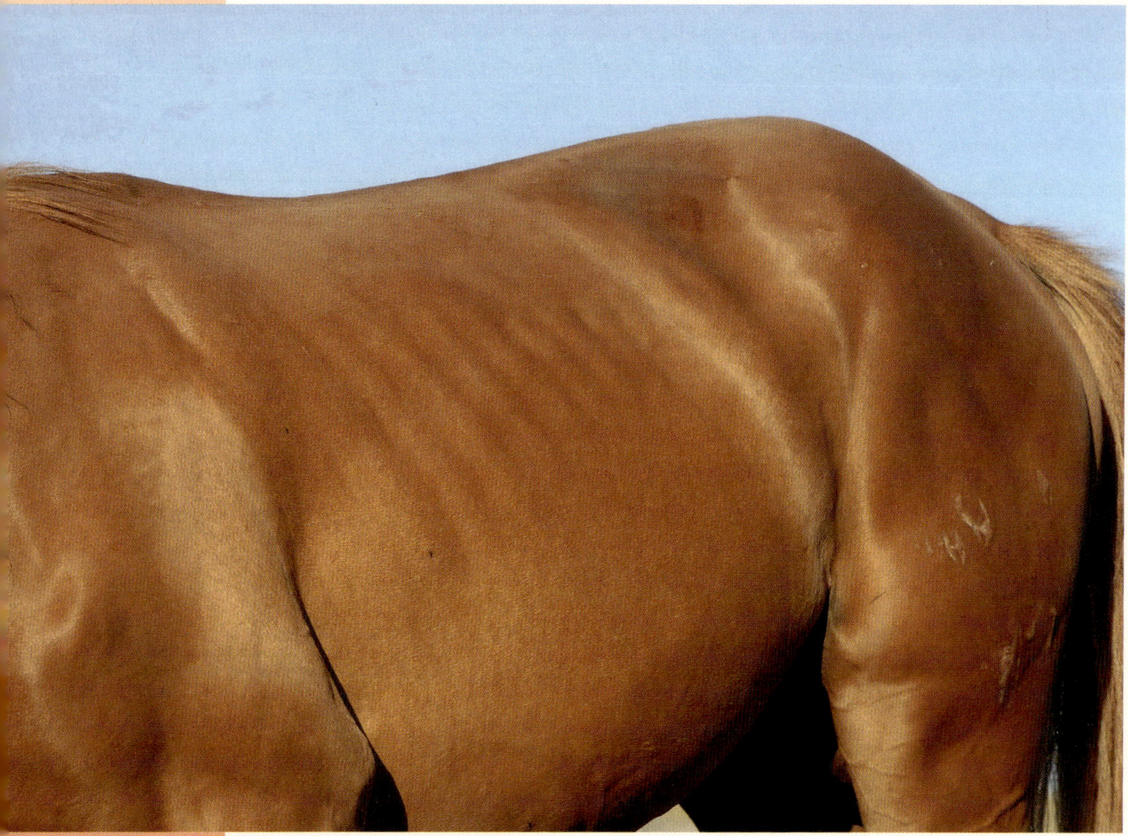

Abmagerungen ohne geklärte Ursache können auf Magengeschwüre hindeuten.

„Pferdevolkskrankheit" Magengeschwür?

Studien in verschiedenen Ländern aus den Jahren 1995 bis 2004 zeigten, dass 80 Prozent der untersuchten Galopper, 64 Prozent der Turnierpferde und 90 Prozent der Traber unter Magengeschwüren oder Magenschleimhautveränderungen litten. Den Grund sehen die Wissenschaftler neben dem Stress im Renngeschehen auch in der einseitigen Fütterung, die aus zu viel Kraftfutter und zu wenig Raufutter besteht. Ein weiteres und beunruhigendes Forschungsergebnis war, dass auch Freizeitpferde durch Stress Magengeschwüre bekamen. So hat man zehn von insgesamt 20 im Offenstall lebenden Freizeitpferden verladen, vier Stunden transportiert und in einen anderen Stall verbracht. Dort wurden sie in Einzelboxen einquartiert, zweimal täglich gefüttert und geritten. Nach drei Tagen wurden sie wieder in den heimatlichen Offenstall gefahren, wo sie und die dort verbliebenen Pferde mittels Magenspiegelung untersucht wurden. Dabei fanden sich weitaus mehr Magengeschwüre und Reizungen der Magenschleimhaut bei den transportierten Pferden als bei denen, die zu Hause geblieben waren.

Weitere Erkrankungen des Magen-Darm-Trakts

Bei der Colitis X entzünden sich der Blinddarm und der große Grimmdarm. Der Grund für diese Entzündung ist bisher weitgehend unbekannt, deshalb der Anhang „X". Es wird aber vermutet, dass neben anderen Auslösern auch einige Stressoren wie lange Transporte, abrupter Futterwechsel, Futterentzug, Trächtigkeit und Geburt ursächlich sind. Die Symptome sind zu Beginn Apathie, Fressunlust und Kolik, anschließend blutiger Durchfall, schwacher Puls, kalte Extremitäten und bläuliche Schleimhäute. Die Erkrankung entwickelt sich sehr schnell und endet meist tödlich.

Daneben gibt es noch weitere Erkrankungen im Magen-Darm-Trakt, die durch Stress begünstigt werden:

- Krampfkoliken, die erwiesenermaßen durch hochgradige Aufregungen ausgelöst werden
- Magen- und Darminfektionen durch stressbedingte Veränderungen der Darmflora (Ungleichgewicht der im Darm befindlichen Bakterien)
- Entzündung der Magenschleimhaut (Gastritis) durch ein Ungleichgewicht des basischen und sauren Milieus

Allergien

Bei der Entstehung von Allergien sind zwei Faktoren maßgeblich beteiligt: die erbliche und die erworbene Veranlagung. Bei der erworbenen Veranlagung spielt das Zusammenwirken mehrerer Bedingungen eine wesentliche Rolle: Zeit, äußere Einflüsse und Stress. Es kann vorkommen, dass

Haut- und Kontaktallergien können bei vermehrtem Stress ausbrechen.

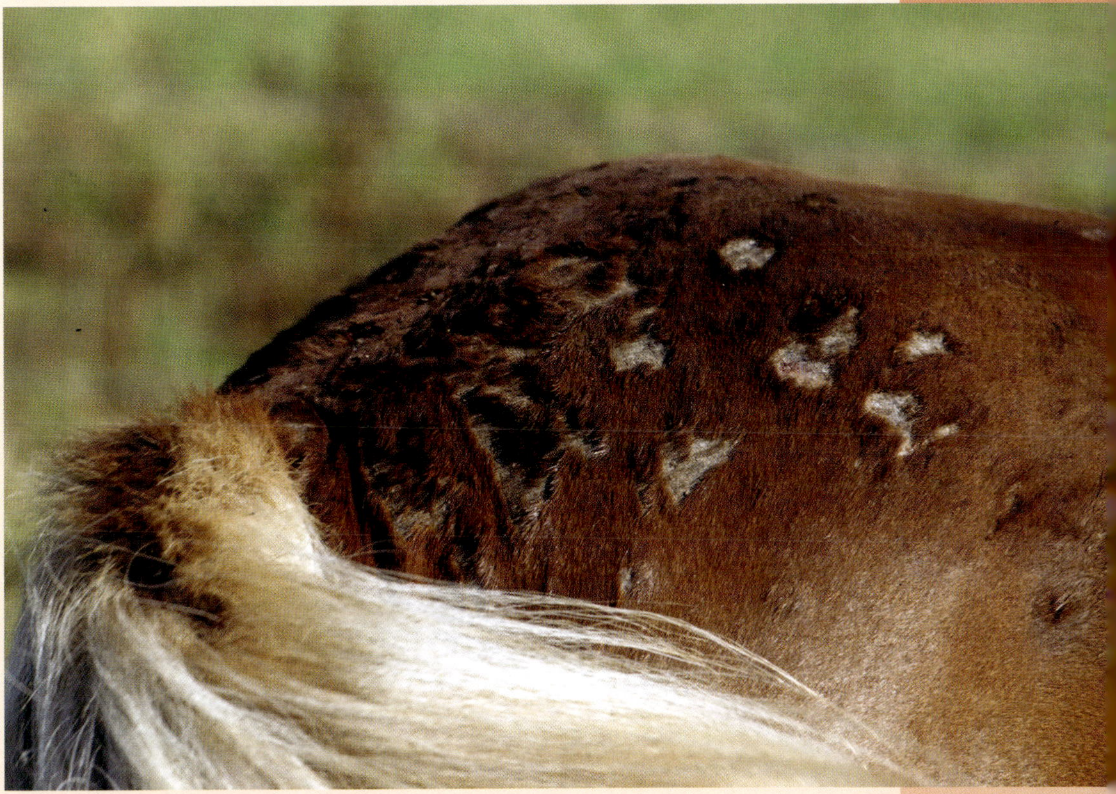

ein Pferd zum Beispiel im Rahmen seiner Aufzucht ständig mit bestimmten Stoffen konfrontiert wurde und es auf diese Stoffe – gleichsam in Verbindung mit seinen geerbten Anlagen – eine „unterschwellige“ Sensibilität entwickelt hat. Dieses allergisch prädisponierte Pferd zeigt dann unter Umständen jahrelang keine allergische Auffälligkeit oder Symptome. Aber irgendwann kann es unter bestimmten äußeren Umständen plötzlich und ohne erkennbare Beeinflussung zum Ausbruch einer allergisch bedingten Erkrankung kommen. Steht der sensibilisierte Organismus also unter bestimmten Einflüssen, kommt es zur allergischen Erkrankung. Zu solchen Einflüssen zählt auch der Stress. Zumindest beim Menschen konnte festgestellt werden, dass durch steigende Stressbelastung das Immunsystem geschädigt wird und gleichzeitig die Allergiebereitschaft zunimmt.

Verhaltensstörungen

Wie schon mehrfach angedeutet können Stressfaktoren wie eine nicht artgerechte Haltung und die dadurch fehlende Möglichkeit, Konflikte zu lösen, zu anormalen Verhaltensweisen des betroffenen Pferdes führen.

Bewegungsstereotypien

Das sehr häufig vorkommende Koppen ist keine „Untugend“ oder schlechte Angewohnheit, sondern eine regelrechte Verhaltensstörung. Untersuchungen zufolge weisen 15 Prozent aller Pferde in Deutschland Verhaltensstörungen auf, davon entfallen 8 Prozent auf das Koppen. Als Auslöser werden traumatische Erlebnisse in der Vergangenheit wie zu frühes Absetzen, Jungpferdeausbildung ohne Vorbereitung, übertrieben harte Ausbildungsmethoden oder plötzlicher Stallwechsel mit Haltungsänderung (von Gruppenhaltung in Einzelhaltung) vermutet. Hat das Pferd dann keine Möglichkeit, den entstehenden Stress zu bewältigen, Frustration abzubauen oder Konflikte zu lösen, muss es auf Ersatzhandlungen wie das Koppen ausweichen. Dabei sind besonders hoch im Blut stehende Pferde mit schneller Erregbarkeit sowie sehr aktive und vitale Pferde betroffen, aber auch solche mit ererbter Sensibilität. Koppen stellt quasi eine Anpassungs- und Bewältigungsstrategie in einem nicht artgerechten Umfeld dar. Es ist ein Überdruckventil, verringert die Erregung und wirkt somit beruhigend auf das Pferd. Hat es das Koppen bereits verinnerlicht, kann das Pferd dieses Verhalten auch ohne Einwirkung von Stress in einer stressfreien Umgebung, im Offenstall oder Paddock beibehalten. Koppen ist nur in der Anfangsphase oder durch eine Operation therapierbar. Der leider immer noch häufig eingesetzte Kopperriemen ist dagegen nicht nur pferdefeindlich, sondern wirkt lediglich den Symptomen entgegen, nicht den Stressursachen.

Auch andere Bewegungsstereotypien wie das Halswiegen, Weben, Kreislaufen, Barrenwetzen, Gitterbeißen oder Zungenspiel sind auf Unzulänglichkeiten in der Haltung, zum Teil in Verbindung mit einem Initialtrauma, zurückzuführen. Im Unterschied zum Koppen lassen sich diese Stereotypien jedoch im Normalfall durch artgemäße Haltungssysteme vermeiden beziehungsweise therapieren.

Stressmuster

Viele zunächst unerklärliche Verhaltensweisen des Pferdes haben ihre Ursache häufig in seinem exzellenten Erinnerungsvermögen. Eine negative Erfahrung mit dem Menschen oder eine gewisse Begebenheit an einem bestimmten Ort reichen aus, um bei diesem Pferd in einer vergleichbaren Situation eine heftige Reaktion auszulösen.

Bei einer besonders gravierend schlechten Erfahrung (Initialtrauma) prägt es sich diese aufgrund seines Überlebensinstinkts in seinem Gedächtnis so stark ein, dass es sich auch noch nach vielen Jahren und sogar bis an sein Lebensende bei vergleichbaren Umständen daran erinnert.

Viele aus heiterem Himmel gefährliche und für den Pferdebesitzer nicht nachvollziehbare, stressbedingte Verhaltensweisen wie plötzliches Steigen, Durchgehen oder Ausschlagen haben ihren Ursprung in solchen einschneidenden Erlebnissen. Da ein Pferdebesitzer oftmals nichts von diesen während der Aufzucht oder der Grundausbildung gemachten Erfahrungen weiß, erscheint ihm die heftige Reaktion seines Pferdes unverständlich oder sogar widersetzlich. Aus Sicht des Pferdes gesehen handelt es sich jedoch um eine für seine Sicherheit notwendige, wichtige und sehr kluge Vorsichtsmaßnahme. Alle Handlungen des Pferdes basieren auf der Verknüpfung momentaner Sinneswahrnehmungen mit langfristig erworbenen Erfahrungen, die in seinem Erinnerungsvermögen gespeichert sind. Einmal tief im Gedächtnis verankerte Fehleinschätzungen werden immer wieder bei den verschiedensten Aktionen oder Lektionen vom Pferd hervorgeholt und missverständlich interpretiert, was gefährliche Folgen für Mensch und Pferd haben kann.

Aber auch vererbte Anlagen können einen großen Einfluss auf die Stressanfälligkeit eines Pferdes haben. So hat sich beispielsweise das Haupt- und Landgestüt Marbach in vielen Jahrzehnten seiner Zuchtpolitik das Ziel gesetzt, nicht nur leistungsorientiert und exterieurrelevant zu züchten, sondern bei der Auswahl der Zuchttiere vor allem auf das Interieur zu achten. Dabei standen und stehen Ausgeglichenheit, Nervenstärke und Rittigkeit im Vordergrund.

Das Koppen bleibt häufig auch bei einer Haltungsumstellung bestehen.

Das Ausstreichen der Ohrmuscheln wirkt beruhigend auf das Pferd.

Stress bewältigen

Oberste Prämisse ist die Stressvermeidung durch entsprechende Vorbeugemaßnahmen. Da sich aber nicht alle Stressauslöser verhindern oder beseitigen lassen, muss nach Möglichkeiten gesucht werden, Stress zu überwinden oder zu reduzieren.

Dazu gibt es im Wesentlichen drei Möglichkeiten:

- Die Stressursachen werden eingeschränkt und damit der Stress verringert. Kurzfristig auftretenden Stressoren wird durch Beruhigung entgegengewirkt.
- Sind die Dauerstressfaktoren in der Haltung, beim Reiten oder Umgang weitestgehend reduziert und neigt das Pferd trotzdem vermehrt zu Stressreaktionen, kann ein Programm zur Stressbewältigung mittels Lektionen und Übungen durchgeführt werden.
- Einige Stressfaktoren wie zum Beispiel tierärztliche Behandlungen, eine zu frühe Ausbildung oder Turnierprüfungen sind zum Teil unvermeidbar, weil äußere Umstände oder Sachzwänge wie Krankheiten, Vermarktungs- und Existenzdruck oder Richtlinien von Zucht- und Sportverbänden dies nicht anders zulassen. In diesen Ausnahmefällen können stressminimierende Mittel verabreicht oder stressabbauende Therapien angewendet werden. Dennoch sollten sich Züchter und Sportreiter nicht zu sehr durch Leistungsdruck, Ehrgeiz und materielle Zwänge oder Verlockungen zu einer übermäßigen Teilnahme an Wettkämpfen oder Zuchtschauen auf Kosten ihrer Pferde verleiten lassen. Denn ein Zuviel bedeutet immer Stress und kann Pferde mit dem sogenannten „Burn-out-Syndrom“ erzeugen, die dann nicht mehr erfolgreich mitarbeiten, letztlich unbrauchbar werden und hierdurch erheblich an Wert verlieren. Jeder sollte genau abwägen, was er seinem Pferd zumuten kann, und sich darüber im Klaren sein, dass er die möglichen Folgen einer Überlastung mit seinem Gewissen vereinbaren muss.

Wie man den Stress begrenzt

Durch Änderungen und Umgestaltungen in der Haltung (Raum, Mikroklima im Stall, Sozialgefüge, Bewegungsmöglichkeit, Anregung der Sinne, Maßnahmen gegen Futterneid), beim Umgang (Konsequenz, Achtung, Berücksichtigung des pferdetypischen Verhaltens) und bei Ausbildung beziehungsweise Training (Vertrauen, Vermeidung von Überforderung, Rücksicht auf das Lernvermögen des Pferdes, seine Kondition, Konstitution und momentane Verfassung) können schon eine Vielzahl von Stressfaktoren ausgeschaltet und damit temporärer sowie dauerhafter Stress eingeschränkt werden. Verbleibende Stressfaktoren können durch einfache Methoden entkräftet werden – zum Beispiel durch Belohnungen und Beruhigungen. Futter kann viele Pferde bei leichten Angstzuständen positiv beeinflussen. Kauen kann zwar selbst ein Stressanzeichen sein, baut aber auch Stress ab, stellt also eine Art von Stressbewältigung dar. Allerdings weiß der erfahrene Pferdebesitzer, dass das Geben eines Leckerlis nur bedingt als Gegenkonditionierung von Angst eingesetzt werden kann. Ab einem bestimmten Punkt nämlich verschmähen es die Pferde, nehmen es vielleicht noch auf, belassen es aber unzerkaut im Maul und warten ab, wie sich die Situation entwickelt. Auch taktile Ermunterungen wie das Kraulen am Widerrist oder Mähnenkamm haben bei intensiveren Stresssituationen eher geringe Wirkung, genauso wie verbale Ermutigungen mit leiser, melodischer Stimme. Zusammen hingegen können Futter, Berührungen und Stimme auch bei kritischeren Augenblicken beruhigend wirken und den durch äußere Reize verursachten Spannungszustand mindern.

Bei der Ausbildung junger Pferde nutzen erfahrene Pferdetrainer unter anderem die Anwesenheit befreundeter Artgenossen, die in angrenzenden Paddocks oder Koppeln stehen oder grasen und dem auf dem Reitplatz übenden Kameraden zuschauen. Dabei wird die Entspanntheit der anwesenden Pferde auf das gerade gerittene Pferd übertragen.

Strategien zur Stressbewältigung

Einige Übungen zum Stressabbau, die sich gleichermaßen zur Stressprophylaxe eignen, wurden bereits angesprochen: Stressbewältigung durch Lernen mittels Gewöhnung, Lärmanpassung (Aussacken) oder das Verladetraining. Dabei spielt die Desensibilisierung – also das künstliche Herabsetzen einer Überempfindlichkeit – die entscheidende Rolle. Bei der systematischen Desensibilisierung findet zunächst eine maßvolle Reizkonfrontation mit dem Stressor statt, dann folgt die Bewältigung der Angst durch eine Gegenkonditionierung. Hierzu verbindet man die stressauslösenden Reize wiederholt mit einer angenehmen Situation, zum Beispiel durch Entspannung oder ein Gefühl der Freude. Dadurch werden die positiven emotionalen Reaktionen mit dem angstverursachenden Reiz verknüpft, sodass dieser allmählich seine negative Wirkung verliert.

Diese Methode lässt sich an fast jedem Ort und in jeder Situation durchführen: beim Putzen und Anbinden, im Gelände, in der Reithalle oder dem Trainingsplatz, im Umfeld des Pferdestalls oder in neuer Umgebung. Der entscheidende Faktor für einen durchgreifenden Erfolg dieser Gegenkonditionierung ist allerdings Geduld. „Zeit lassen und ruhig handeln" hat bei der Stressbewältigung obersten Vorrang, weil es den Druck und die Anspannung in jeder kritischen Situation nimmt.

Das Grundprinzip besteht darin, das Pferd lange schauen zu lassen und sich dann langsam der Quelle des Unbehagens zu nähern. Immer wieder stehen bleiben, bei ersten Stressanzeichen zurückziehen, dann wieder nähern. Bleibt der Erfolg zunächst aus, wird das Training abgebrochen und am nächsten Tag an der gleichen Stelle wieder aufgenommen. Diese schrittweise Vorgehensweise ist für das Pferd bereits die Konditionierung, es ist mittendrin. Mentale Blockaden werden gelöst, Muskeln entspannen sich, der Stress wird bewältigt.

Bahnt sich eine stressbeladene Situation an, kann man die Stressreaktion des Pferdes durch gezieltes Beruhigen abfedern.

Durch das etappenweise Annähern an Angst einflößende Erscheinungen …

… besiegt man Schritt für Schritt den Stress beim Pferd.

„Auslappen" zur Stressbewältigung – tierschutzwidrig!

Das sogenannte Auslappen stellt eine massive Reizkonfrontation dar und wird in vielen Ställen bei der Jungpferdeausbildung angewendet. Bei dieser auch als „Flooding" (zu Deutsch: Reizüberflutung) bekannten Methode wird das Pferd – im Gegensatz zur systematischen Desensibilisierung – mithilfe bedrohlicher Objekte starken Angstreizen und Stressfaktoren ausgesetzt und in dieser Situation belassen, bis seine Angst „zurückgegangen" ist. So werden Jungpferden als Vorbereitung für den Turniersport, wo sie später Nervenstärke und Ausgeglichenheit beweisen sollen, alle möglichen Gegenstände an Körper, Kopf, Hals, Beine und Schweif gehängt oder gebunden (= Alarmphase), dann werden sie auf den Übungsplatz geführt und so lange laufen gelassen (= Widerstandsphase), bis sie entnervt stehen bleiben (= Erschöpfungsphase).

Das Auslappen stellt einen massiv tierschutzwidrigen Eingriff dar, da das Pferd im Unterschied zum Menschen keinen kognitiven Zusammenhang zwischen den Stress auslösenden Geschehnissen und dem Verlauf des Trainings herstellen kann. Obendrein ist diese Methode extrem gefährlich und hat schon zu vielen Unfällen geführt.

Wirksame Präparate und Behandlungsansätze

Zeitnot, Platzmangel sowie wirtschaftliche Umstände waren schon immer unliebsame Wegbegleiter in der Pferdezucht und Ausbildung. Daran wird sich auch nichts ändern. Eher im Gegenteil: Durch die zunehmende Vermarktung von Sportveranstaltungen werden immer mehr Reiter, Ausbilder und Züchter genötigt, gute Leistungen und Ergebnisse in immer kürzerer Zeit zu erbringen. Dieses Phänomen steht im krassen Widerspruch zu den Bedingungen, die ein stressfreies Leben für das Pferd ermöglichen. Jeder „normal" denkende Sportreiter wird dem zustimmen, muss auf der anderen Seite aber Kompromisse eingehen, um nicht auf der Strecke zu bleiben. Immerhin hat sich die Haltung von Sportpferden in den letzten Jahren insgesamt gesehen zum Besseren entwickelt. Das ist vor allem einigen sportlichen Vorbildern zu verdanken, die sich vehement für eine Verbesserung der Haltungsumstände und Trainingsbedingungen von Leistungspferden eingesetzt haben. Sie haben erkannt, dass eine pferdegerechte Unterbringung und die Möglichkeit eines ausgeglichenen Sozialgefüges dazu beitragen, Stress zu vermeiden und dadurch Einsatzbereitschaft und Leistungsfähigkeit der Pferde im Leistungssport zu steigern.

Trotz aller Fortschritte gibt es zwangsläufig im Turniersport eine ganze Reihe von Stress auslösenden Faktoren, denen man nicht ausweichen kann. Da Pferdeindividuen sehr verschieden sein können, fallen diese Stressoren mehr oder minder ins Gewicht. Was aber macht man mit einem begnadeten Dressurpferd, wenn dieses just in dem Augenblick, wenn es darauf ankommt, verspannt und blockiert? Oder mit einem Pferd, das eingebrannte Stress-muster trotz der Gegenkonditionierungsversuche einfach nicht aus seinem Gedächtnis verbannen kann? Und was tut man, wenn eine gefahrlose Untersuchung durch den Tierarzt nicht möglich ist, weil sich das Pferd in keinster Weise beruhigen lässt? In solchen oder anderen Ausnahmefällen bleibt dann nichts anderes übrig, als die Stresssymptome so gut es geht zu reduzieren beziehungsweise zu therapieren.

Vor jeder Muskelbehandlung wird das verspannte Pferd durch einen Spezialisten untersucht.

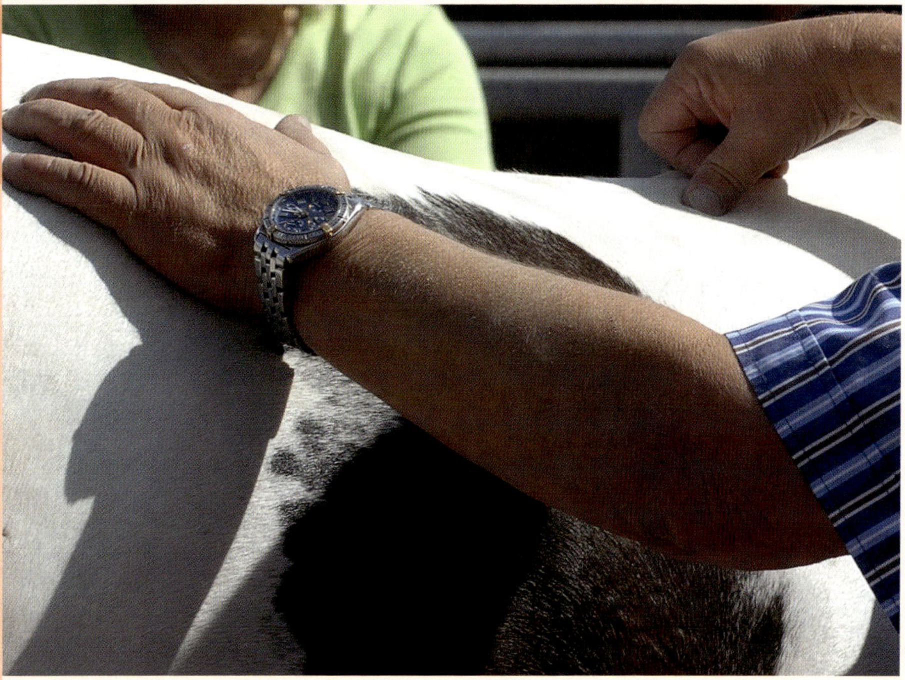

Behandlung stressbedingter Muskelverspannungen

Wie bereits erwähnt wird bei lang anhaltendem Stress in den Muskeln befindliches Eiweiß als Energiereserve abgebaut. Dadurch kommt es vermehrt zu Muskelverspannungen, die für das Pferd unbewusst und unwillkürlich ablaufen. Das Pferdegehirn weiß dann nicht mehr, wie es die Muskeln wieder entspannen kann, was man „sensomotorische Amnesie“ nennt. Das betroffene Pferd ist sich nicht bewusst, dass es einen Teil seiner Muskulatur chronisch angespannt hält.

In der modernen Stressforschung wurde festgestellt, dass sich Stress zuerst als Anspannung der Hals- und Nackenmuskulatur zeigt. Wenn diese nicht gelöst wird, dehnt sie sich auf den ganzen Rücken aus und kann chronisch werden. An- und Verspannungen im Rücken haben auch zur Folge, dass Nerven gedrückt werden und dadurch der Informationsfluss vom Gehirn über das Rückenmark in den Körper eingeschränkt oder verfälscht wird. Ist der Informationsaustausch gestört – denn alle Zellen benötigen Informationen vom Gehirn, um richtig zu arbeiten –, entstehen zuerst Unwohlsein und Konzentrationsmangel, dann Leistungsminderung und schließlich körperliche Anzeichen wie Muskelverspannungen.

Es gibt inzwischen ein breites Spektrum zur Behandlung stressbedingter Muskelverspannungen. Im Folgenden sollen einige von ihnen kurz vorgestellt werden:

Muskeldehnungstechniken

In der Pferdephysiotherapie werden über Massage und Muskeldehnungstechniken Verspannungen abgebaut, Verklebungen des Gewebes gelöst, die Durchblutung gesteigert, Schmerzen gelindert und eine Verringerung des Muskeltonus, also des Spannungszustandes der Muskulatur, erreicht. Durch Beeinträchtigung der die Muskeln versorgenden Nerven kann es zu

Verlusten, aber auch zu Erhöhungen des Muskeltonus kommen. Die Behandlung darf nur von entsprechend ausgebildeten Physiotherapeuten durchgeführt werden. Eigenversuche können weitere Gesundheitsschäden bewirken.

Triggerpunkt-Behandlungen

Triggerpunkte (englisch „to trigger" = „auslösen") sind überempfindliche, im Muskelgewebe eingelagerte Bereiche, die bei Muskelzug und -druck einen Übertragungsschmerz sowie vegetative Symptome wie Muskelzittern, Verkrampfungen und Lähmungen verursachen. Bei Pferden sind mittlerweile mehr als 40 Triggerpunkte bekannt. Es ist noch nicht vollständig geklärt, welche Faktoren für ihr Auftreten verantwortlich sind. Man vermutet eine Beteiligung von Überbelastung, Traumen, Stress, Ermüdung, ständig wiederholte Bewegungen, hohes Körpergewicht, große Anstrengungen oder Schock durch Stoß oder Schlag für die Entstehung von Triggerpunkten.

Mittels einer spezifischen Massagetechnik werden diese Punkte bearbeitet, die Verspannungen gelöst und die Schmerzen verringert. Um sie ausfindig zu machen, wird der Pferdekörper mit den Händen unter leichtem, später stärkerem Druck ausgestrichen. Dadurch wird das Gewebe auf Verhärtungen, Druckschmerzhaftigkeit und Muskelzuckungen untersucht. Anhand des Behandlungsprotokolls werden dann die verschiedenen Schmerzpunkte mit unterschiedlichen Techniken wie mit der Hand, mit Stoßwellen- oder Neuraltherapie behandelt.

Stresspunktmassage

Hier geht es darum, stressbedingte Verspannungen in der Muskulatur zu finden und mit den Händen zu bearbeiten beziehungsweise zu beseitigen. Sie wurde vor Jahren von dem Amerikaner Jack Meagher für die Therapie von Sport- und Freizeitpferden entwickelt. Dabei werden Verspannungen und Verhärtungen in den Muskelfasern aufgespürt und mittels Druck und

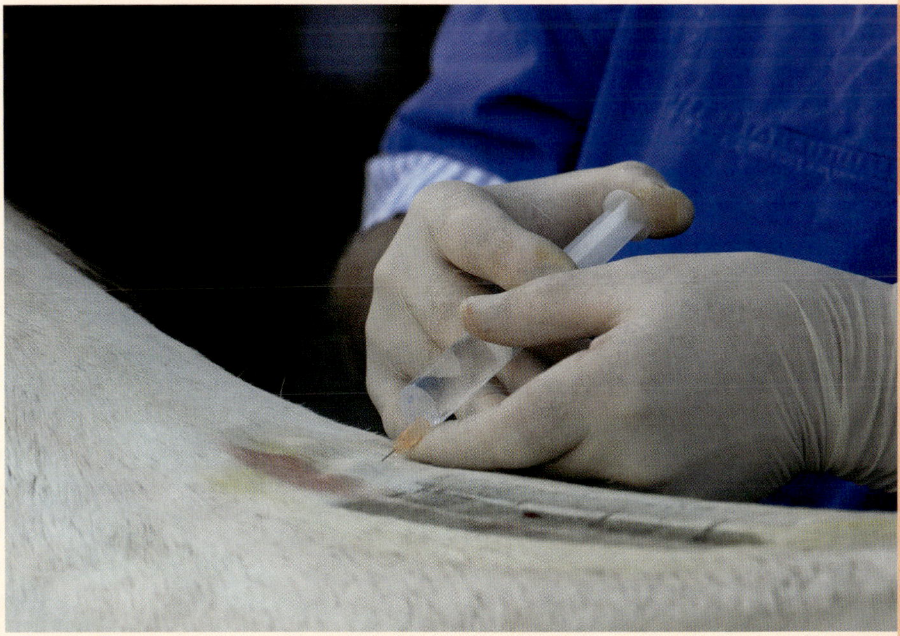

Bei der Neuraltherapie werden mit einer lokalen Betäubung in die Haut Muskelverhärtungen aufgelöst.

Die Messung des elektrischen Widerstandes auf der Hautoberfläche hilft, die richtigen Akupunkturpunkte zu finden.

Reibung durch Faust, Handkante, Daumen und andere Finger „weich“ massiert beziehungsweise geklopft. Dadurch wird ihre Beweglichkeit wieder hergestellt und das allgemeine Wohlbefinden des Pferdes verbessert. Bei der Stresspunktmassage konzentriert man sich auf 25 Körperbereiche mit den jeweils betroffenen Muskeln.

Akupunktur und Akupressur

Auch die Akupunktur kann als Therapie bei der Behandlung stressbedingter Muskelverspannungen gute Dienste leisten. Auf der Körperoberfläche des Pferdes befinden sich bestimmte Punkte (Meridiane), an denen Nerven enden, die mit inneren Organen in Verbindung stehen. Diese Punkte zeichnen sich durch einen verringerten elektrischen Widerstand beziehungsweise eine erhöhte elektrische Leitfähigkeit aus.

Bei Reizung dieser Punkte durch eine Nadel, erhöhte Wärmezufuhr oder Fingerdruck werden die Regelkreise des Körpers durch die Freisetzung chemischer Stoffe aktiviert, was unter anderem Schmerzen lindert oder Blockaden löst. Erfolge lassen sich gerade auch bei Verspannungen und Rückenproblemen feststellen. Das Gleiche gilt für die Akupressur, bei der die Meridiane mit den Fingerkuppen bearbeitet werden, jedoch in verminderter Intensität. Falsches Setzen der Nadeln kann Schaden anrichten, deshalb sollte die Akupunktur nur durch fachlich geschulte Personen durchgeführt werden, während die Akupressur auch vom Laien unter fachlicher Anleitung angewendet werden kann.

Beruhigungsmittel

Die Anwendung von Beruhigungsmitteln sollte die Ausnahme sein und darf nicht zur Dauerbehandlung werden. Insbesondere ist auf die Dopingrelevanz zu achten, unter die auch einige natürliche Wirkstoffe wie zum Beispiel Baldrian fallen.

Neuroleptika

Neuroleptika sind Substanzen, die die zentralnervöse Reizschwelle herabsetzen, ohne das Bewusstsein und die mentalen Fähigkeiten wesentlich zu beeinflussen. Sie unterdrücken Angstzustände und wirken allgemein beruhigend. Ein bekannter Vertreter ist das Acepromazin (Sedalin®, Vetranquil®) das in höheren Gaben zum Sedieren beispielsweise bei einer Zahn- oder Hufbehandlung oder in niedrigeren Dosierungen zur Ruhigstellung beim Scheren oder in der Silvesternacht verwendet wird. Der Wirkstoff reduziert die Erregbarkeit und entspannt die Muskulatur. In hoher Dosierung kommt es zur teilnahmslosen Gleichgültigkeit mit reduziertem Schmerzempfinden, sodass Behandlungen an dem Tier sehr gut möglich sind. Die psychische Erregbarkeit, Aggressionen, Angst und Abwehrreaktionen werden gehemmt.

Sedieren bei tierärztlicher Untersuchung und Zahnbehandlung?

Ob eine Sedierung notwendig ist, ergibt sich aus dem Verhalten des Pferdes und den Aussagen des Pferdebesitzers. Meist sind Pferd und Besitzer beruhigter, wenn die Eingriffe unter Sedierung durchgeführt werden. Die Vorteile sind, dass die Pferde es als weniger unangenehm empfinden, entspannter und ruhiger sind und weniger Schmerz verspüren. Sie sind im Umgang kooperativer, und ein genaueres Arbeiten wird ermöglicht. Ein weiterer Aspekt ist die Sicherheit für Pferd, Helfer und behandelnde Person. Die heutigen Medikamente sind sehr effizient und ungefährlich. Nicht tierärztliche Pferdezahnpfleger dürfen keine Sedierung verabreichen und tendieren deshalb oft zur Aussage, dass eine solche nicht notwendig sei. Grundsätzlich müssen Sedativa entsprechend dem Körpergewicht dosiert werden, da Unterdosierungen durch spätere Nachdosierungen nicht kompensiert werden können.

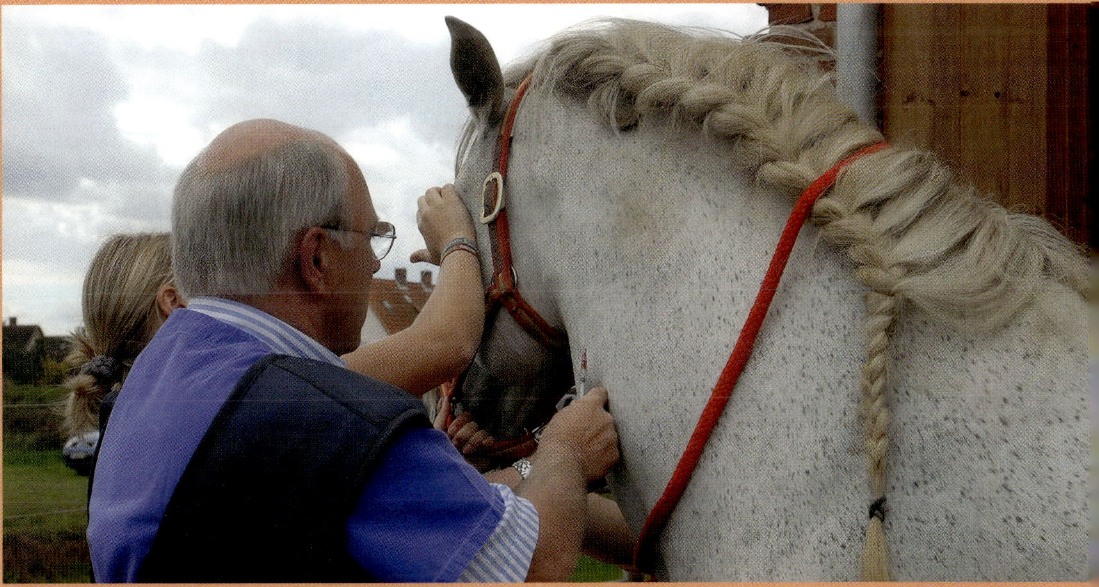

Sedativa müssen immer ihrem Zweck und dem Körpergewicht des Pferdes entsprechend dosiert werden.

Tranquilizer

Unter der Bezeichnung Tranquilizer (lateinisch: tranquilare = beruhigen) wird eine Gruppe von Psychopharmaka zusammengefasst, die Ängste lösen und entspannend wirken. Allerdings haben sie nicht unerhebliche Nebenwirkungen wie Beeinträchtigung des Reaktionsvermögens, Atemprobleme und bei längerer Gabe auch Suchterscheinungen. Eine Form des verbotenen Dopings ist die Verabreichung kleinster Dosen von Minor-Tranquilizern über einen längeren Zeitraum, um übermäßig erregbare und sehr nervöse Pferde wettkampffähig zu machen. Hierzu finden heutzutage moderne Psychopharmaka aus der Humanmedizin Anwendung, die Angst- und Spannungszustände auflösen und dabei nicht wesentlich den Wachzustand und die Reaktions- und Leistungsfähigkeit negativ verändern.

Die derartige Verabreichung ist kein Kavaliersdelikt – nicht nur weil der Nachweis zur Disqualifikation führt, sondern weil die Mittel dem Pferd schaden. Diazepam zum Beispiel darf in der Veterinärmedizin nur bei Hirntraumen oder rassebedingten epilepsieartigen Anfällen gegeben werden.

Reserpin

Der Wirkstoff Reserpin ist ein Alkaloid der Rauwolfia-Pflanze (Schlangenwurz), der bisher nur in der Humanpsychiatrie eingesetzt wurde. Er hat zentral beruhigende sowie außerdem eine blutdrucksenkende

Das Equine Appeasing Pheromone wird am Euter der Mutterstute erzeugt …

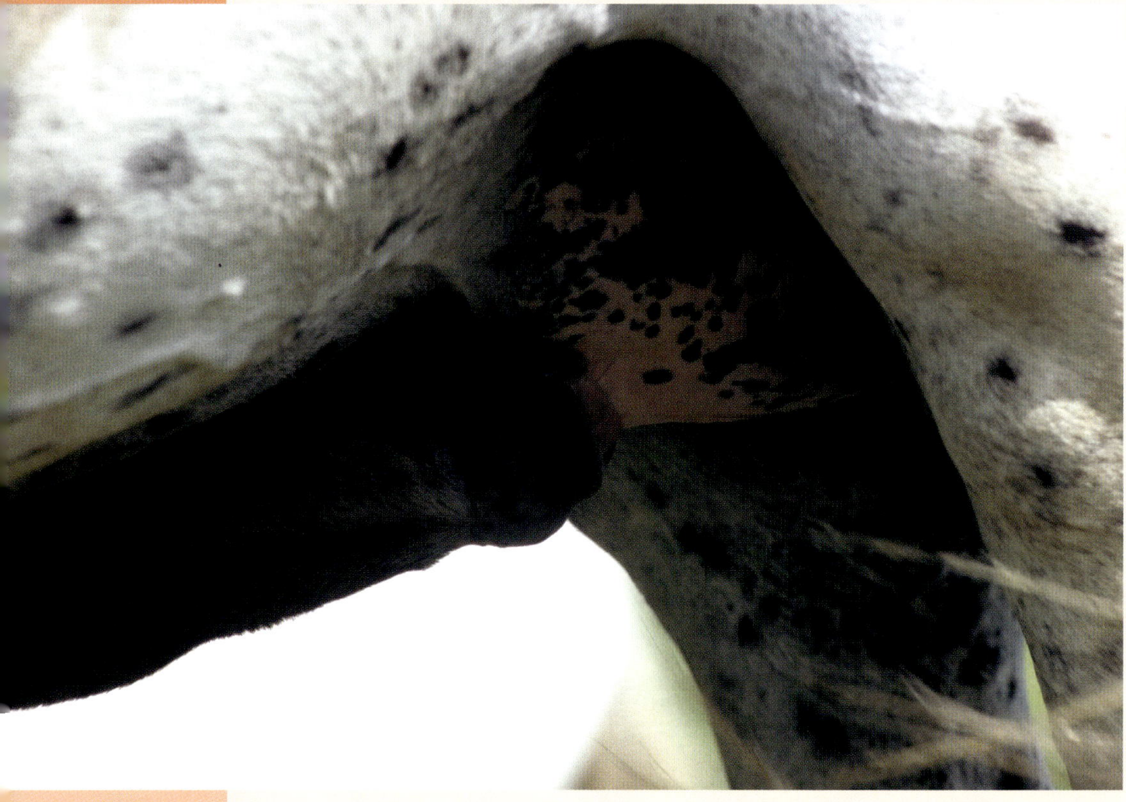

Wirkung. Reserpin kommt beim Menschen bei Schizophrenie, manischen Zuständen und anderen Angstsyndromen zum Einsatz, ist jedoch inzwischen von moderneren Mitteln abgelöst worden.

Bei Pferden wird Reserpin neuerdings als Langzeitberuhigungsmittel bei nervösen und leicht erregbaren Pferden angewendet. Es soll die Nervenreaktion und die Reizschwelle steuern und herabsetzen. Nach Verabreichung soll die Wirkung etwa drei bis sechs Wochen anhalten, die „Stressspitzen" bei nervösen Pferden herausnehmen und angeblich die Ausschüttung der Stresshormone um 20 Prozent reduzieren. Die Substanz, die als unerlaubtes Dopingmittel eingestuft ist, wird unter Springreitern auch ungeniert „Trainingsdroge" genannt. Auch der Einsatz dieses Wirkstoffes ist ein grober Verstoß gegen das Dopinggesetz, welches neben fairen Wettkampfbedingungen vor allem die Gesundheit der Pferde sicherstellen will.

Equine Appeasing Pheromone (E.A.P.)

Pheromone sind Geruchsstoffe, die in der Tierwelt in einer Vielzahl von Varianten vorkommen. Am bekanntesten ist das von der Stute gebildete Sexualpheromon, das dem Hengst die Paarungsbereitschaft signalisiert. Das Beruhigungspheromon des Pferdes (Equine Appeasing Pheromone) wird im Bereich der Zitzen gebildet und von den Fohlen beim Säugen wahrgenommen. Es löst erwiesenermaßen

… und beim Flehmen über das Vomero-Nasal-Organ des Pferdes aufgenommen und verarbeitet.

Johanniskraut kann frisch, als Tee, Saft oder als Konzentrat verfüttert werden.

einen beruhigenden Effekt auf das Fohlen aus und festigt die Bindung an die Mutterstute.

Im Jahr 2003 ist es gelungen, die Zusammensetzung dieses Geruchsstoffes zu analysieren.

Bei dem Präparat Pherocalm® – welches übrigens als Pflegemittel geführt wird und nicht als Medikament, also keinerlei dopingrelevanten Faktoren besitzt – wurde das Beruhigungspheromon E.A.P. synthetisch nachgebildet. In ihm befinden sich die tierartspezifischen und beruhigenden Komponenten des natürlichen Pheromons, jedoch keine Sexualpheromone. Daher wirkt es auch beim erwachsenen Pferd und erleichtert den Umgang mit nervösen und ängstlichen Pferden. Es wird von Pferden in der Regel gut akzeptiert. Die beruhigende Wirkung hält etwa zwei Stunden an und kann bei Bedarf wiederholt werden. Anwendung findet dieses Mittel – ähnlich denen anderer beruhigender Präparate – in allen stressauslösenden Situationen wie beim Absetzen, vor Zuchtschauen, vor dem Verladen, als Hilfe bei der Hufbearbeitung oder beim Scheren und Reiten.

Kräuter

Einige Kräuter und Kräutermischungen verringern die körperlichen Stresssymptome, machen das Pferd aber nicht müde oder beeinflussen die Leistungsfähigkeit. Sie dämpfen die zentralnervöse Erregbarkeit und stabilisieren die Reizschwelle gegenüber äußeren Stressfaktoren. Ein großer Vorteil der pflanzlichen „Stressdrogen" ist, dass sie keine Nebenwirkungen haben und – bis auf Baldrian – kein Dopingrisiko darstellen. Die nebenstehende Tabelle zeigt einige „Stresskräuter"-Mischungen und ihre Wirkung auf.

Kräuter gegen Stress

Mischungen	Wirkung, Anwendung
Kräuter-mischung I (nicht bei Turnierpferden und trächtigen Stuten)	Diese Mischung vereint die Wirkungen einzelner Kräuter und hat in der Summe einen verstärkten Effekt gegen Unruhe, Anspannung, Stress und Angst: ■ Baldrian (300 g): wirksames, sanftes Beruhigungsmittel; wirkt gegen Störungen im Magen-Darm-Trakt, entspannt und entkrampft die Muskulatur, stärkt das Immunsystem und wirkt beruhigend auf das Nervensystem, ohne benommen zu machen. Baldrian enthält Valerinsäure und steht seit 2002 auf der Dopingliste ■ Hopfenblüten (150 g): gegen nervöse Erregung und Anspannung, Unruhe, Angstzustände; nicht bei trächtigen Stuten einsetzen, weil sie hormonelle Inhaltsstoffe enthalten! ■ Melisse (250 g): Nervenberuhigung, gegen Krämpfe und Blähungen ■ Pfefferminze (250 g): gegen krampfartige Magen-Darm-Beschwerden ■ Lavendelblüten (50 g): gegen Nervosität; nur getrocknete Blüten verwenden, keine Öle! **Dosierung:** Alle Kräuter – insgesamt ein Kilogramm, in der Apotheke erhältlich – geschnitten und gut durchgemischt; 3 Gramm pro Tag verfüttern.
Kräuter-mischung II (bei allen Pferden)	■ Kamille (150 g): löst Krämpfe, reguliert Verdauung; beugt stressbedingten Koliken durch Turnier oder Transport vor ■ Melisse (400 g) ■ Pfefferminze (400 g) ■ Lavendelblüten (50 g) **Dosierung:** 3 Gramm pro Tag.
Kräuter-mischung III Intensivgabe (nicht bei Turnierpferden!)	■ Baldrian 200 g ■ Kamille 200 g ■ Enzian 100 g: wirkt beruhigend auf den Magen-Darm-Trakt; gute Ergänzung zu Baldrian ■ Goldrute 50 g: reguliert stressbedingten Harndrang ■ Eisenkraut 50 g: stärkt Belastbarkeit des Nervensystems, verbessert Stoffwechsel in der Leber und entschärft Stresssituationen **Dosierung:** täglich 30 bis 60 Gramm über zwei Wochen vor Transport, Stallwechsel oder anderen außergewöhnlichen Begebenheiten
Zimtöl, Zitronenöl und Nelkenöl gemischt (für Pferdebesitzer)	Mit dieser Mischung kann sich der ängstliche Reiter einreiben (Hände, Stirn, Nacken). Der Duft übertüncht den menschlichen Angstgeruch, wirkt auf Pferde anziehend und vertrauenerweckend.

Bachblüten und Rescuetropfen

Namensgeber für diese Therapie war der britische Arzt Edward Bach, der mit seinen Bachblüten keine Symptome behandeln, sondern seelische Disharmonien, die den einzelnen Krankheiten zugrunde liegen, ausgleichen wollte. Es gibt 37 Essenzen aus wild wachsenden Blüten. Aus fünf dieser Blüten hat Bach eine Notfallmischung erstellt, die unter der Bezeichnung „Rescue Remedy" oder „Notfalltropfen" erhältlich ist und für die Erstbehandlung von seelischen und körperlichen Notfällen vorgesehen ist.

Die Notfalltropfen setzen sich aus den folgenden Blüten zusammen:

- Cherry Plum soll in Stresssituationen, bei großem inneren Druck, überschießenden Reaktionen und Kontrollverlust helfen.
- Clematis bewahrt vor Apathie, vor Geräuschempfindlichkeit und Schreckhaftigkeit.
- Impatiens hilft bei Überreaktionen, Spannung und Stress, verhilft zu Gelassenheit und Ruhe.
- Rock Rose, die „Panikblüte", verhindert Panikzustände und Fluchtreaktionen.
- Star of Bethlehem, die „Seelentrösterblüte" hilft gegen allgemeine Angst, Schock und Schreck.

Einsetzbar sind die Notfalltropfen nach einem Unfall im Gelände, vor der Hufbearbeitung, dem Tierarztbesuch oder dem Turnier. Sie sind nicht zur dauerhaften Gabe vorgesehen beziehungsweise geeignet! Die Dosierung ist situationsbedingt und richtet sich danach, wie das betreffende Pferd reagiert. In der Regel verabreicht man einmal fünf bis zehn Tropfen unter etwas Walzhafer gemischt oder in ein Stück Zucker geträufelt. Zeigt das Pferd kaum Reaktion, kann die Gabe nach einigen Minuten wiederholt werden. Auch die von einer Notfallsituation betroffenen Pferdebesitzer können die Rescue-Remedy-Tropfen einnehmen, um schnell ruhiger zu werden.

Auch homöopathische Mittel können gegen Stress eingesetzt werden.

Homöopathie

Die Homöopathie ist eine medizinische Regulationstherapie, die die Selbstheilungskräfte anregt und steuert. Die Präparate werden auf jeden einzelnen Patienten und entsprechend seinem Krankheitsverlauf individuell abgestimmt. Die Auswahl, Dosierung und eventuelle Kombination von homöopathischen Arzneien sollte unbedingt ein in Naturkunde bewanderter Tierarzt oder ein geprüfter Pferdehomöopath beziehungsweise Tierheilpraktiker durchführen. Von einem eigenmächtigen „Herumdoktern" nach dem Motto „So ein paar Tröpfchen können ja nicht schaden" muss eindringlich abgeraten werden! Denn auch Naturheilmittel können bei falscher Anwendung oder Überdosierung gravierende Folgen haben.

Im Stressgeschehen kommen oftmals die folgenden Präparate zum Einsatz:

- Arnica montana C30 hilft bei seelischen Verwundungen.
- Hepar sulfuris C30 gegen Überempfindlichkeit.
- Antimonium crudum D12 gegen Unausgeglichenheit.
- Chamomilla D30 verringert Nervosität.
- Coffea D2 oder D4 wirkt generell bei Angst und Unruhe.
- Hypericum D6 oder D12 bei Angst und großer Erregung.
- Natrium chloratum D30 bei gestörter Psyche, Überempfindlichkeit.
- Glonoinum D 30 bei Wesensänderung, Ängstlichkeit, Panik, Durchgehen.

Ruhigmacher rechtzeitig verabreichen!

Sämtliche Beruhigungsmittel, gleichgültig ob es sich um Naturstoffe oder pharmazeutische Produkte handelt, werden im Idealfall circa eine halbe Stunde vor der brenzligen Situation gegeben, um die angestrebte Wirkung zu erzielen. Denn steht das Pferd erst unter Stress, kommen solche Hilfsmittel nicht nur zu spät, sondern können sogar eine gegenteilige Reaktion hervorrufen, indem sich das Pferd dagegen auflehnt und noch panischer wird. Eine Ausnahme sind die Rescuetropfen: Sie wirken auch in Notfallsituationen oft noch sehr gut.

Vitamine und Mineralstoffe

Ein Ungleichgewicht bei der Versorgung mit Mikronährstoffen kann Schreckhaftigkeit, Nervosität und Unruhe begünstigen. Klarheit darüber gibt ein entsprechendes Blutbild.

Wichtig für das Nervensystem ist unter anderem das Vitamin B1. Die Versorgung ist bei ausgewogener Fütterung und guter Futterqualität im Allgemeinen durch die im Darm gebildeten und im Futter enthaltenen Vitaminmengen gesichert. Bei einseitig zusammengesetzten Rationen wie bei vielen Rennpferden (viel Hafer, wenig Heu) oder bei minderwertigem Futter kann allerdings eine gezielte Ergänzung notwendig werden. Reich an Vitamin B1 sind zum Beispiel Trockenhefe, Weizenkleie oder künstlich hergestellte Vitaminprodukte.

Auch Magnesium ist als Bestandteil vieler Enzyme im Nerven- und Muskelgewebe des Pferdes von Bedeutung. Auf dem Markt gibt es ein riesiges Angebot von Magnesiumpräparaten, deren Hersteller den Besitzern nervöser Pferde einzureden versuchen, dass in jedem Fall ein Magnesiumdefizit vorliegt. Tatsächlich ist es aber so, dass bei der Grundversorgung des Pferdes mit Heu, Stroh und Hafer von guter Qualität der Magnesiumbedarf absolut gedeckt wird.

Beispiel: Ein 500 Kilogramm schweres Pferd, das entsprechend den allgemeinen Regeln gefüttert wird, nimmt täglich etwa 21 Gramm Magnesium auf (Heu 9 g, Futterstroh 5 g, Hafer 7 g). Sein Bedarf beträgt bei leichter Arbeit 11 Gramm, bei mittlerer Arbeit 14 Gramm und bei schwerer Arbeit 19 Gramm. Es ist also in jedem Fall ausreichend mit Magnesium versorgt.

Einzig durch eine erhöhte Gabe von Kalzium kann ein Magnesiummangel entstehen, da Kalzium im Körper die Andockstelle für das Magnesium blockiert. Dann wird Magnesium – obwohl genügend vorhanden – dem Stoffwechsel nicht hinreichend zur Verfügung gestellt. Viel Kalzium ist in Zuckerrübenschnitzeln, Luzerneheu oder Klee enthalten. Besteht tatsächlich der Verdacht auf einen Magnesiummangel, kann eine Blutuntersuchung Gewissheit geben.

Bei der Gabe von Magnesiumpräparaten ist darauf zu achten, dass die Grundsubstanz aus einer organischen Magnesiumverbindung wie zum Beispiel Magnesium-Aspartat besteht, weil diese im Darm resorbiert wird, wohingegen anorganische Verbindungen lediglich abführend wirken.

Weniger Stress beim Pferd

Stress kann sehr negative Auswirkungen auf unsere Pferde haben. Deshalb sollten wir alles dafür tun, Stress erst gar nicht aufkommen zu lassen. Wenn wir Rücksicht auf die arteigenen Bedürfnisse und Verhaltensweisen der Pferde nehmen, lassen sich viele Stressfaktoren gänzlich eliminieren oder zumindest auf ein unschädliches Maß zurückdrängen. Auch dem bereits gestressten Pferd kann mittels diverser Anti-Stress-Programme wirksam geholfen werden. Wichtig ist, unseren Blick zu schärfen, damit wir kleinste Stresssignale beim Pferd frühzeitig wahrnehmen und richtig deuten können. Denn je eher wir handeln, umso geringer fallen der Stress und seine mögliche Folgen aus.

Weniger Stress beim Pferd bedeutet weniger stressbedingte Probleme und Krankheiten. Von diesem anzustrebenden Ziel profitieren beide Seiten: der Mensch durch weniger Sorgen und Kosten und das Pferd durch weniger Ängste und Schmerzen. Stressreduktion führt also zu einem besseren und harmonischeren Miteinander von Mensch und Pferd mit einem Mehr an Lebensqualität und Lebensfreude.

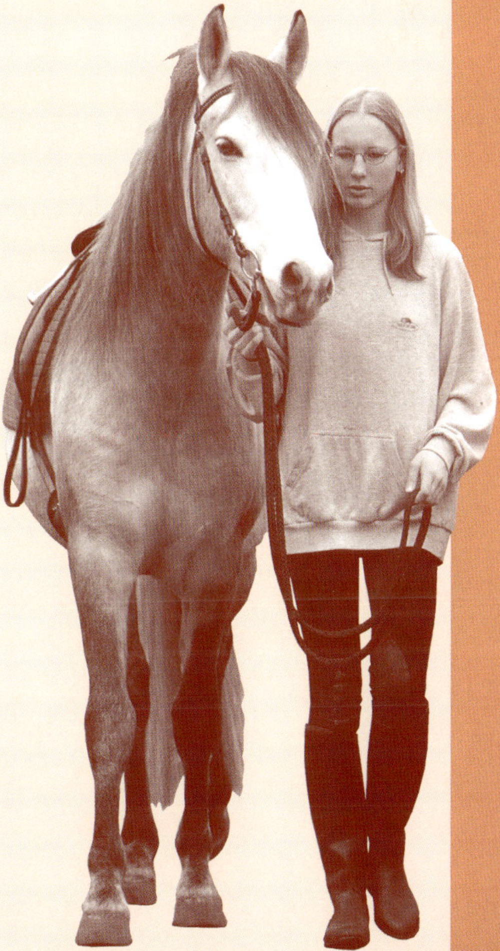

Wenn wir das Pferd als trieb- und instinktgeleitetes Wesen respektieren und ein besseres Stressverständnis entwickeln, wird das Verhältnis zwischen Mensch und Pferd entspannter, harmonischer und erfolgreicher.

Tipps zum Weiterlesen

Birgit van Damsen:
Wie Pferde wohnen wollen
Brunsbek: Cadmos, 2006

Renate Ettl:
So bleibt Ihr Pferd cool und gelassen
Brunsbek: Cadmos, 2005

Claudia Naujoks:
Homöopathie für mein Pferd
Brunsbek: Cadmos, 2006

Claudia Naujoks:
Naturheilkräuter für Pferde
Brunsbek: Cadmos, 2005

Chris Olson:
Muskelverspannungen bei Pferden lösen. Brunsbek: Cadmos, 2000

Angelika Schmelzer:
Pferdeverhalten richtig verstehen
Brunsbek: Cadmos, 2002

Claus Teslau:
Stresspunktmassage nach Jack Meagher
Stuttgart: Müller Rüschlikon, 2006

Linda Weritz:
Das Lernverhalten der Pferde
Brunsbek: Cadmos, 2005

CADMOS PFERDEBÜCHER

Birgit van Damsen

MÜDE PFERDE MUNTER MACHEN

Das Reiten eines faulen Pferdes macht überhaupt keinen Spaß – doch gegen fehlende Motivation kann man etwas tun! Dieses Buch informiert über die vielfältigen Ursachen für phlegmatisches Verhalten: unangepasste Fütterung, ständige Über- oder Unterforderung, schlecht sitzende Ausrüstung und vieles mehr. Darauf aufbauend werden Lösungswege aufgezeigt und Ideen für ein kreatives Training vorgestellt, das die Lebensgeister des Vierbeiners weckt.

80 Seiten
farbig, broschiert
ISBN 978-386127-560-2

€ 10,95 · € (A) 11,30 · CHF 19,80

Marion Brehmer

BACHBLÜTEN FÜR DIE PFERDESEELE

Ob Stallwechsel oder Rittigkeitsproblem, Turnierstart oder Stress im Herdenverband – die Liste der mit Bachblüten wirksam zu behandelnden Gemütszustände bei Pferden ist lang.
Dieses Buch stellt in ausführlichen Porträts die Wirkungsweise der 38 Bachblüten vor und vermittelt dem Leser die nötigen Kenntnisse, um für sein Pferd die richtige Bachblütenmischung auswählen zu können.

112 Seiten
farbig, gebunden
ISBN 978-386127-421-6

€ 19,90 · € (A) 20,50 · CHF 34,90

Tindall/Bell

SHIATSU FÜR PFERDE

Dieses Buch führt in die grundlegenden Prinzipien und Techniken dieser faszinierenden Behandlungsmethode ein und befähigt den Leser mit der ausführlichen Darstellung verschiedener Diagnosearten und Philosophien, sein Pferd wirkungsvoll zu behandeln. Die Beschreibung der verschiedenen Pferdetypen gemäß dem System der Fünf Elemente ist nicht nur für die Shiatsu-Behandlung aufschlussreich, sondern öffnet jedem Pferdemenschen neue Wege zum besseren Verstehen seines Tieres.

160 Seiten
farbig, gebunden
ISBN 978-386127-442-1

€ 29,90 · € (A) 30,80 · CHF 52,20

Daniela Bolze

DRESSURÜBUNGEN IM GELÄNDE

Keine Halle in der Nähe? Und der Reitplatz steht mal wieder unter Wasser?
Kein Problem: Auch im Gelände kann man dressurmäßig reiten. Mit ein wenig Kreativität bietet das Ausreitgelände ideale Bedingungen für gymnastizierendes Training rund um Bäume, schräg entlang von Wegrändern oder geradegerichtet die Hügel hinauf.

80 Seiten
farbig, broschiert
ISBN 978-386127-539-8

€ 10,95 · € (A) 11,30 · CHF 19,80

Linda Weritz

DAS LERNVERHALTEN DER PFERDE

Pferde können nicht sprechen, dafü sind sie Meister der nonverbale Kommunikation. In den klassische Ausbildungsmethoden wird diese Kommunikationssystem bisher weni berücksichtigt. Linda Weritz zeig wie man mit Hilfe der Tierpsycholo gie besser mit Pferden umgeht.
Intelligenter Umgang mit Pferde nutzt das ureigene Kommunikations und Lernverhalten der Pferde un optimiert so den Trainingserfolg eben so wie die Beziehung zwischen Pfer und Reiter.

128 Seiten
farbig, gebunden
ISBN 978-386127-420-9

€ 24,90 · € (A) 25,60 · CHF 43,70

CADMOS

www.cadmos.de

Cadmos Verlag GmbH · Im Dorfe 11 · 22946 Brunsbek
Tel. 04107 8517-0 · Fax 04107 8517-12